资源勘查工程国家一流专业建设基金
教育部第二批新工科研究与实践项目
地质资源与地质工程"双一流"建设基金资助

地学素描

DIXUE SUMIAO

王思源　编著

图书在版编目(CIP)数据

地学素描/王思源编著.—武汉:中国地质大学出版社,2024.12.—ISBN 978-7-5625-6044-9
Ⅰ.P623
中国国家版本馆 CIP 数据核字第 2024MW7452 号

地学素描		王思源　编著
责任编辑:韦有福	选题策划:韦有福	责任校对:徐蕾蕾

出版发行:中国地质大学出版社(武汉市洪山区鲁磨路388号)	邮编:430074
电　　话:(027)67883511　　　传　　真:(027)67883580	E-mail:cbb@cug.edu.cn
经　　销:全国新华书店	http://cugp.cug.edu.cn

开本:787mm×1092mm　1/16	字数:269千字	印张:10.5
版次:2024年12月第1版	印次:2024年12月第1次印刷	
印刷:湖北睿智印务有限公司		
ISBN 978-7-5625-6044-9		定价:38.00元

如有印装质量问题请与印刷厂联系调换

前　言

　　时间飞驰，学术激进。科技与艺术的结合造就出新生学科，例如"地质素描""旅游地学""工程素描""矿山旅游"等。

　　1988年3月，笔者编写了《地质素描学》，系当时地质调查（以下简称"地调"）实际需要，1987年中国地质大学（武汉）首先将"地质素描学"正式列入教学计划，这对地质素描学科是一大推动，为地质素描开启了新的里程碑。

　　地学素描是地球科学领域中有关素描的研究方向，它不但包括野外素描，还包括室内各类标本、影像素描等，涵盖了地学领域所有的单色画。兹是科技艺术！

　　与其他学科一样，地学素描的概念是开启此科学的起点，地学素描分类则是探讨此门学科的纲目，继而阐述地学素描的理论、构图、技法、作图、应用等。

　　地学素描作为地球科技的视觉艺术，在理论上涉及"美学""数学""物理学"等知识，并根据自身特点引用且建立了自身的理论系统。笔者认为，基础理论学习，对初学者来说至关重要。为此，初学者必须从基本知识开始学习，例如素描图的透视基本作图方法。画图之所以平褊，概因透视关系不对。因而，学会分析透视关系，练习透视基本作图方法，是建立空间感及立体感的基础。为阐述并解决实际问题，笔者对其理论作了某些推导，以供实际应用。

　　构图往往是被初学者忽视的一个理论问题，事实上它是"造型"的重要基础，形体美感、形体结构需从此入手。

　　至于技法，一向被初学者重视，但在实际中不能脱离造型理论来谈技法。事实上，素描效果是造型理论的综合显示。古今中外，艺术家创造了大量千变万化的技法，初学者可在实践中加以借鉴。

　　地学素描是地学工作中必不可少的技能之一。素描是地理、生物、水利、工程、环境、旅游、园林、考古、测绘、建筑等学科的专业课，它并不能以照片代之！尽管两者可以互补，但素描具有线条清晰、重点突出、便于表述的重要特点。

　　不过，地学工作者不全具备绘画技能，他们往往见难而退。其实，地学素描种类颇多，作为一名地学工作者至少需要掌握一些简单易作的素描知识！例如平面素描及地质地貌速写等。

　　随着科技的发展，各学科呈现出深入性、综合性、创新性的特点，并且新学科、边缘学科、交叉学科不断产生。"地学素描"就是在这样的新形势下由"地质素描"衍进诞生的。

　　地学素描的特殊性，决定了理论的独立性，它并不能以"美术"代之，但是后者是前者的基础。著名画家吴作人认为：艺术与科学是人类文明的两个支柱，缺一是不行的。理论与实践也是人类文明创造的两条腿，缺一也是不行的。此论颇当。

　　本书是笔者近半个世纪研究与实践的结晶，书中图片主要是笔者所作，也引用了一些行家作品,以展示不同风格、不同的表现形式。对全部图片皆注明来源,以确保作者权益,也为引用者提供参考信息。

本书作为"资源勘查工程国家一流本科专业系列教材"出版,得到第二批新工科研究与实践项目(No.E-KYDZCH20201817)资助,感谢范永香教授的积极推荐,感谢中国地质大学(武汉)资源学院领导的大力支持与资助!对书中的不足,望读者不吝赐教。

王思源

2019 年 1 月 11 日 喻家山庄

目 录

第一章 地学素描通论 ·· (1)
  第一节 相关概念 ·· (1)
  第二节 地学素描形式——内容分类 ··· (6)
  第三节 地学素描的应用与作图准则 ··· (10)
  第四节 地学素描发展史 ··· (11)
第二章 应用透视法则 ·· (14)
  第一节 焦点透视基本理论 ··· (14)
  第二节 焦点透视图基本作图法 ·· (21)
  第三节 散点透视基本理论(第四透视定律) ·· (36)
  第四节 地学素描远近法应用法则 ··· (39)
第三章 应用构图法则 ·· (42)
  第一节 构图基本理论 ·· (42)
  第二节 地学素描基本图式 ··· (45)
  第三节 地学素描变换构图法 ··· (49)
第四章 应用技法理论 ·· (55)
  第一节 明暗技法 ·· (55)
  第二节 线描技法 ·· (64)
  第三节 勾皴技法 ·· (66)
  第四节 地学素描程序 ·· (69)
第五章 地球物理素描 ·· (71)
  第一节 地球力学形迹素描 ··· (71)
  第二节 地震物理素描 ·· (75)
  第三节 火山物理素描 ·· (76)
第六章 地理分类素描 ·· (81)
  第一节 山水地理素描 ·· (81)
  第二节 冰川地理素描 ·· (85)
第七章 生物分类素描 ·· (87)
  第一节 植物地学素描 ·· (87)
  第二节 动物地学素描 ·· (91)

第八章 地质分类素描 (98)
第一节 平面型地质素描 (98)
第二节 立体型地质素描 (102)
第三节 立体展开型地质素描 (110)
第四节 综合型地质素描 (115)

第九章 地学模式素描 (121)
第一节 地形地理模式素描 (121)
第二节 全球板块模式素描 (121)
第三节 生物演化模式素描 (124)
第四节 区域矿化模式素描 (125)

第十章 地学素描条款结构 (126)
第一节 条款内容 (126)
第二节 技术规范 (130)

第十一章 地学素描研究途径 (132)
第一节 理论研究途径 (132)
第二节 技法研究途径 (136)
第三节 实践环节 (140)

第十二章 地学素描评析 (142)
第一节 评价地学素描的意义 (142)
第二节 实际意义 (142)
第三节 地学素描评价标准 (143)
第四节 可用标准 (144)

第十三章 地学素描图解 (145)
第一节 地学素描图解涵义 (145)
第二节 地学素描图选粹 (145)

主要参考文献 (161)

第一章　地学素描通论

天下无难事，只怕心不专。要想基础扎实，必须做到勤观察、勤思考、勤实践、勤总结、勤作为。使精湛的艺术与深奥的专业有机结合，创造出新颖的艺术品，其价值在于为社会所赏析，为社会所利用。

第一节　相关概念

一、造型艺术

造型艺术，是用一定的物质材料塑造可视平面或立体形象、反映客观外界具体事物的一种艺术。它包括绘画、雕塑、建筑艺术、工艺美术等，亦称"美术""空间艺术"。

造型，就是创造或塑造物体形象。

二、绘画素描

绘画素描，简单地说是绘画中的单色画。所用工具可以是毛笔，也可以是硬锋笔（铅笔、碳笔、钢笔、圆珠笔等）。若用单一色彩画的画，例如用单一赭石色的不同浓淡、不同厚度画出的画，也是素描。

1. 素描技法类型

就技法而论，绘画素描包括线描素描、明暗素描。

线描素描和明暗素描皆是在平面上表现空间形象的素描。

1）线描素描

以单色线构象，称线描（线素描、白描），见图1-1。用线素描物体的形态、结构、动态、明暗的造型艺术，是传统中国画的绘画技法，也是地学素描的基础。

2）明暗素描

以单色面构象，称面描（面素描、明暗描），见图1-2。它是西方画系的绘画基础，采用的是西方绘画技法，同时它也是地学素描的基础。

图 1-1　喀斯特地貌的线描素描

图 1-2　构造坍塌地貌的明暗素描

线描素描与明暗素描的造型技法在理论上有较大的不同。线描素描以勾画轮廓、刻画细部肌理为重点;而明暗素描则考虑光的作用,以密集度不同的线构成不同明暗的面。

2. 素描类型

素描以繁简程度分为速写素描、简图素描、详图素描(图1-3)。

图1-3 三类素描详简对比
(据王思源,1978)
A.速写素描(据鲁连仲,1981);B.详图素描;C.简图素描

1)速写素描

速写素描是以简练的线条勾画形象的素描。它的重点在于形象,省去了大量细节部分,通常用于写生,要求短时或瞬间完成。

2)简图素描

简图素描是指简化素描对象的环境,突出素描主体的一类素描,重点表现各种要素间的穿插关系。

3)详图素描

详图素描是指对素描对象的形体、结构、背景,皆作较详细的刻画素描。这需花较多的时间,精细观察分析各种关系,从而予以表现。

三、地学素描

地学素描,全称地球科学素描,指有关地学领域的素描。广义的地学素描包括地球物理素描、地理素描、生物素描、地质素描、图解素描等。

地学素描将地球物理学、自然地理学、地质科学、资源科学、生物科学、农林科学、环境科学、旅游科学等贯穿于一体,成为自然科学的艺术纽带。

1. 地球物理素描

地球物理素描是反映地球物理现象的有关素描,例如地球圈层结构、动力变形作用、地震、火山现象等。

2. 地理素描

地理素描是指有关地景、地貌等的素描,即地貌(山、水、土、砂、海啸)素描、植被素描、动物素描等。可以说,地理素描是对地球各类风景的素描。

3. 生物素描

生物素描是指有关各类生物的素描,包括植物素描、动物素描、微生物素描。按时代划分,它又分为古生物化石素描、现代活体生物素描。

生物的生存与地理环境、地质环境密切相关,也就是说,生物也是地学研究不可缺少的内容,尤其是古生物化石为人类研究古地理、古地质发展变化提供了重要信息。例如中生代侏罗纪至白垩纪曾是恐龙的世界(图1-4),爬龙地上跑,泳龙海中游,翼龙天山飞,表明那时气候温暖潮湿,生物繁盛。其后大规模的火山喷发,气温升高,空气被火山喷发物污染,大批恐龙灭绝,埋藏成为化石。

4. 地质素描

地质素描是表现地质现象的特点,揭示其内在关系的地学科技造型艺术的素描。它主要以地质科学理论及绘画素描理论为基础,以单色线及单色面表现地质体,即以素描的手段表现地质的可视平面或立体形象的绘图方法。

按此概念,地质素描是表现地质现象及其本质的,它亦是艺术,因此要求其内容与艺术的完美统一。

总之,地质素描是不借助于绘图仪器,在观察分析的基础上,徒手画出的有关地质现象及其

图 1-4　火山及恐龙复原图

内在关系的地质图件。因此，它不包括填图、修图、编图等所得到的其他各类地质图件，也不包括地质实测剖面图、信手剖面图、钻探剖面图，以及各类物探、化探等图件。

5. 图解素描

由于问题较复杂，用语言难以述说清楚，往往需要借助图形来表述各要素间的结构关系、数量关系、相互作用的化学机制和力学机制等。

类似以图形形象地解析各类地球现象的形成机理及动力机制的素描，称为图解素描。

地学素描是一门多学科融合的、地球科技艺术的基础学科：其一，作为表现手法及基础理论，它与绘画素描及摄影学等艺术学科有密切联系；其二，作为基础理论的论证及规律的探索,它离不开数学、物理学、地理学、生物学等自然基础学科;其三,对于表现地质内容及揭示地质关系,则需以地质学、矿物学、岩石学、古生物学、地史学、构造地质学、矿床地质学、勘探工程学等为基础;其四,现代新兴学科,如遥感地质学、海洋地质学、天体地质学、深部地质学、动力地质学等为地学素描开拓了广阔天地。

第二节 地学素描形式——内容分类

一、分类原则

地学素描的分类同其他任何学科一样,是为了将复杂的结构内容,根据某些共同特点,加以简化归纳,以便于总结一般理论,提高基本技法,解决实际问题。因此,它的分类应以能概括该学科基本特点及基本内容为宗旨。

地学素描是地学内容与素描艺术的结合(图1-5)。就"地学"与"素描"而论,素描是地质内容的表象;就"内容"与"艺术"而论,艺术是表达地学内容的手段。前者重在内容,后者重在形式。由此,分类应从内容与形式两方面入手,并求得两者的统一。

图1-5 地学素描特点
A.以深色调表现矽卡岩中的铁矿体;B.山前地质构造剖面素描;C.平面-剖面地层构造联合素描

二、分类方案

地学素描按其所表现的地学内容划分,称为内容分类;以被写对象的空间形态划分,称为形式分类。两种分类见表1-1和表1-2。

表1-1 地学素描内容分类

序号	内容分类	具体细分类
一	地球物理素描	(一)地球圈层素描 (二)地球动力素描 (三)火山地震素描
二	地理地貌素描	(一)剥蚀地貌素描 (二)冰川地貌素描 (三)生物地貌素描
三	矿产地质素描	(一)矿体分带素描 (二)矿石类型素描 (三)勘探工程素描
四	地学模式素描	(一)地球动力素描 (二)地质作用素描 (三)生物演化素描
五	地质构造素描	(一)地层时代素描 (二)构造地质素描 (三)岩体岩石素描

表1-2 地学素描形式分类

序号	形式分类	具体细分类
一	平面型地学素描	(一)平面素描 (二)剖面素描 (三)显微素描
二	立体型地学素描	(一)景观素描 (二)标本素描 (三)影像素描
三	立体展开型地学素描	(一)探槽素描 (二)探井素描 (三)坑道素描
四	综合型地学素描	(一)联合素描 (二)解析素描 (三)特写素描

事实上,内容与形式从不分家。将上述两种分类法结合,则出现形式-内容分类法。现将此分类列于表1-3。该表显示,此法是以形式为纲、以内容为目的分类方法。

表1-3 地学素描形式-内容分类

序号	分类	形式分类	形式-内容分类
一	平面型地学素描	平面素描	褶曲平面素描、断层平面素描、节理平面素描、岩脉平面素描、矿脉平面素描
		剖面素描	褶曲剖面素描、断层剖面素描、地层剖面素描、岩体剖面素描、矿体剖面素描
		显微素描	岩石薄片显微素描、矿石光片显微素描
二	立体型地学素描	景观素描	地貌景观素描、地层景观素描、构造景观素描、岩体景观素描、矿区(床)景观素描
		标本素描	矿物标本素描、岩石标本素描、矿石标本素描、化石标本素描、构造标本素描
		影像素描	地质像片素描、遥感相片素描
三	立体展开型地学素描	探槽素描	—
		探井素描	
		坑道素描	
四	综合型地学素描	联合素描	平剖联合素描、面体联合素描、联合剖面素描
		解析素描	构造解析素描、岩体解析素描、成矿解析素描
		特写素描	个体特写素描、全景特写素描

在形式-内容分类中,一级分类是以几何基本形态划分的;二级分类则是在一定地学内容、地学工艺及地学条件下采用的相应表现形式划分的;三级分类是在二级分类基础上以地学内容为标准而细分的四级分类。二级分类共分为12类,是最基本的素描类型。

现将一级分类扼要说明如下。

平面型地学素描指对二维空间剖面上地学现象的素描,例如对被剥露于平面上的花岗岩体中的岩脉穿插关系的素描、对天然陡壁上断层的素描等。

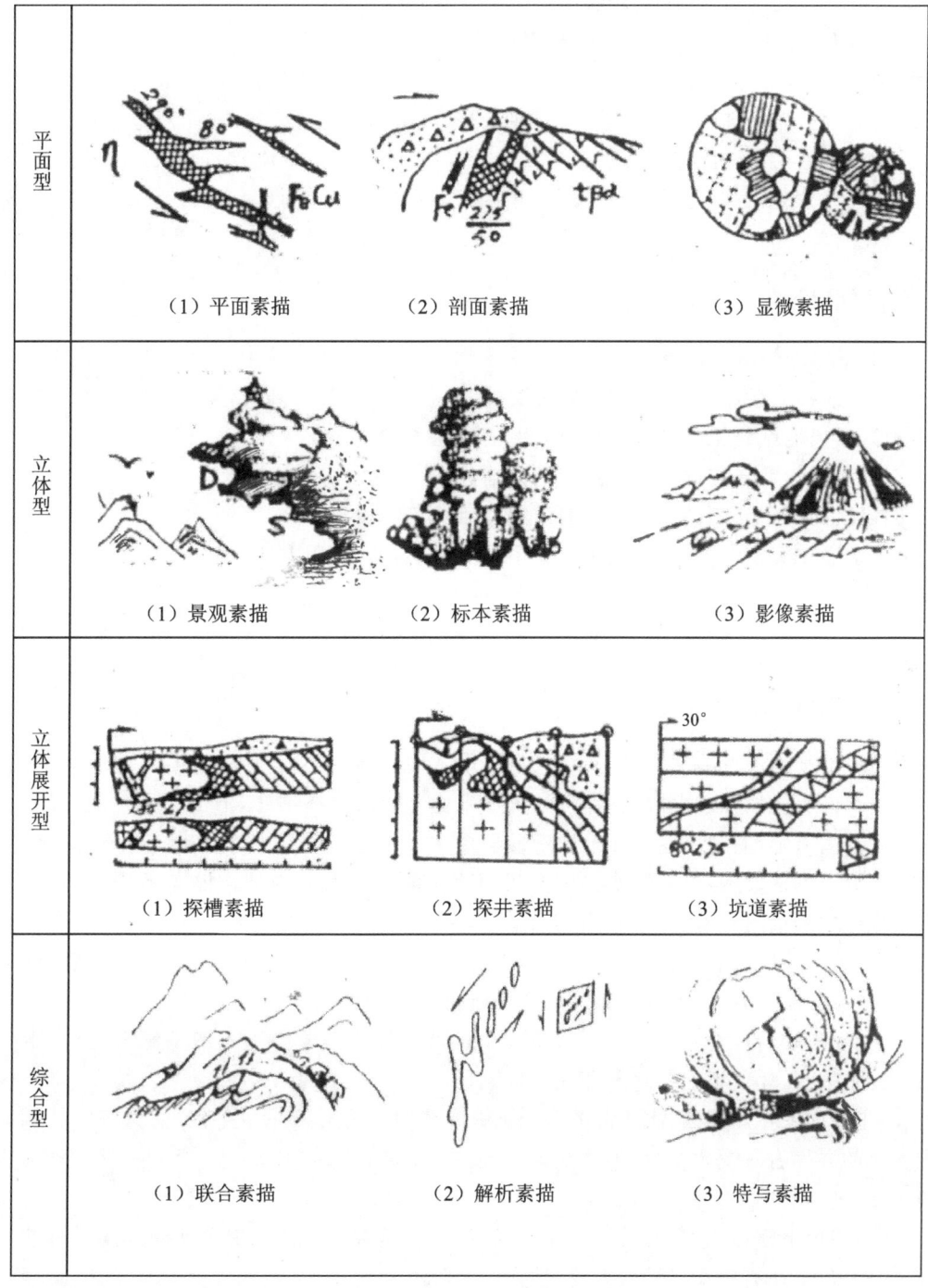

图 1-6 地学素描一二级分类示意图

立体型地学素描是指对三维或多维空间中地质体的素描,例如对山地及河流景观、岩体及构造景观等的素描。

立体展开型地学素描指地质勘探工程上的编录素描,是借助于皮尺测距及罗盘测产状,将立体工程按比例展放于平面上,并用地质专用符号(花纹与代号)对地质内容加以表示的一类地质素描图件,例如对暴露基岩探槽的槽壁与槽底的素描。

综合型地学素描指平面型及立体型素描配合地学解析的一类素描。它是多种形式、多种技法的综合应用,可将地形、地物、地质关系和形成机制表现得十分清楚。因而,这是一类非常实用的地学素描。自然,这也需要素描者有较深的地学理论基础,才能对地质现象作深入的解析,例如断层力学机制的表现、热流体运动规律的展示、拍岸流浪的冲刷作用等。

上述四大类(图1-6)几乎涵盖了现今所有的地学素描类型,其中综合型地学素描包含范围最广,凡非单一类型的,皆属之。

三、其他分类

长期以来,地学素描缺少科学分类的系统性,仅散见于某些著作中的一些分类也未给予充分论证。这些分类,除已述过的内容分类外,尚有其他分类,具体如下。

(1)以素描地点分类:野外地质素描、室内地质素描。

(2)以素描工具分类:铅笔素描、碳笔素描、毛笔素描。

(3)以繁简程度分类:地质素描、地质速写、地质略图。

上述术语在实际中仍有用,只是作为系统分类会有某些局限性,在此不再赘述。

第三节 地学素描的应用与作图准则

一、记录地学资料

应用地学素描进行地学资料记录,具有获取方便、简明扼要、直观清楚、节省时间的优点。素描加文字说明往往胜过大段文字叙述,例如平面与剖面素描结合,形成三维空间,现象及其内在关系表达清楚,应用普遍。此外地学现象用文字表达十分困难,例如长江三峡地貌,文字的描述总给人以抽象感,但一幅素描图则可以将三峡风光及其与地质的关系表述明白,一目了然。作地学素描图时需注意以下几点。

(1)对总体轮廓一般是皆收而不舍,但不是每一细节都予以表现。例如,画视域中的诸山峰,不应少掉一座山峰,但要舍弃轮廓上的小弯折。

(2)不生搬硬造。不生搬是指不将视域中的所有地质现象一点不漏地纳入图中;不硬造是指不无中生有,凭空填上实际不存在的现象。

(3)主要现象重点刻画,次要部分去或一笔带过。万万不可对平淡无奇的部分,例如无可视变化的大片岩石爱而不舍,不舍就会导致主次不清,反而弄巧成拙。因此,地学素描要求主题突出,中心集中。

(4)适当留下陪衬物,以充当"舞台"上的配角。例如剖面后方的山峰或山岗、植被的特征、巨大的岩块,还有桥梁、村落、人物、地质锤、罗盘、三角板、水壶等。前者是天然陪衬物,后者则是人为的。陪衬物留下的作用有5个方面:一是作地物标志,说明地点;二是加强空间感,增强透视效果;三是增加真实性,烘托出自然的气氛;四是加强艺术性,给人以美感;五是充当比例尺,说明地质体的相对规模。陪衬物用得得当,可以起到意想不到的效果。

(5)景观地学素描可用下式表达。景观地学素描=地景+地质+艺术表现≠风景画。

(6)地学素描的作用之一是再现大自然恩赐的天然美。因此,学习者需要加强美学观念,加强地学素描的艺术表现,包括艺术形象、典型事物、艺术手法、艺术技巧等。这也是地学素描学中的一大论题。

二、解析地学现象

有人将地学素描称为"地质写生",强调地学素描的真实性,但过分强调真实性的结果是现象不清、关系不明、表述模糊。要解决这一问题,则需要进行地学素描解析。

地学素描解析有两种:一是对所画地学现象进行实地解析;二是对所画地学素描图进行解析。前者是为画图而解,后者是为应用而解。进行地学素描解析需注意以下几点。

(1)先观察,万不可一见现象就画。首先在素描前,先由远到近对宏观及微观现象进行详细观察和周密分析,弄清其生成背景——地层、岩体、构造等;然后确定或分析作为生成背景的地层、岩体、构造的时代,抓住主要现象,同时观察次要现象或伴生现象;最后观察各地质要素间的接触关系、穿插关系,并测量它们的产状。

(2)素描时,先由整体到细节,不可反其道而行之。从整体入手,这一点十分重要。细节的素描只能是在整体的控制之下进行。例如,画一块岩石标本的素描,先画大轮廓,然后刻画轮廓中的岩性。对各类地质露头,或者大面积地貌景观的素描也是如此,确定好大轮廓后,再将产状、岩性、年代等符号上图。

(3)应用物理及地质理论,加强对所画地质现象生成机制的解析。需依据主要现象,但不忽略次要现象。运用运动学、动力学分析各种构造形迹的成生机制,运用流体力学分析岩浆及热液的运动规律;运用热动力学分析变质作用等。总的来说,所观察到的地质现象是各种场综合作用的结果,包括动力场、热力场、磁力场、化学场等,所以在某一素描处分析该处场的类型、场的特征、场的作用是解决这一问题的关键所在。这需要有雄厚的理论基础及丰富的实践经验。

第四节　地学素描发展史

一、萌芽时期

300万年前的旧石器时代,蓝田猿人与北京猿人运用石器敲打刻画。7000年前的新石器时代,已有犬、羊、人等纹饰图案。其后有见于陶器及铜器上的花纹。约3500年前的甲骨文仍具有图画特征。这些单线刻画正是素描的基础。

战国到东汉初期是"帛画"的时代,长沙陈家大山楚墓中发掘的《女子凤夔图》于1949年出土,马王堆一号墓出土(1972年)的《西汉帛画》及东汉《幕室画像》(石刻)等,都显示了线条简朴有力,古拙而有粗细变化,说明素描用线已初成规律。

魏晋南北朝到隋唐时期,山水画有了萌芽且日臻完善。随之,有关论著出现。东晋顾恺之提出"以形写神"的理论。"形"即形体,"神"即神态;南朝宗炳的"山水以形媚道",也指出山水外貌反映内在本质。许多写实(写生)的山水画可视为近代地学素描的前身。

二、形成时期

两宋至明清时期,有大量关于素描的论著。

北宋沈括(1033—1097),字存中,晚号梦溪丈人,钱塘人,及进士第。中国古代著名科学家（数学、物理、天文、地质）、政治家。任职司天监时，观天象，绘图多幅。晚年著《梦溪笔谈》，涉及政治、科学、艺术等诸多领域。尤其是他对地质作用的认识深刻，堪称"古代地质科学"的奠基者。

《梦溪笔谈·杂志》"予奉使河北，遵太行而北，山崖之间，往往衔螺蚌壳及石子如鸟卵者，横亘石壁如带。此乃昔之海滨，今东距海已近千里，所谓大陆者，皆浊流所湮耳。尧殛鲧于羽山，旧说在东海中，今乃在平陆。凡大河、漳水、滹沱、涿水、桑乾之类，悉是浊流，今关陕以西，水行地中，不减百余尺，其泥岁东流，皆为大陆之土，此理必然。"沈括发现化石，推断海陆变迁，以及剥蚀-沉积作用，其观察分析颇具科学性。他又论述了视觉透视。"予观雁荡诸峰，皆峭拔险怪，上耸千尺，穹崖巨谷，不类他山，皆包在诸谷中。自岭外望之，都无所见，至谷中，则森然干霄。原其理，当是为谷中大水冲击，沙土尽去，唯巨石岿然挺立耳。"

明代邹德中的《绘事指蒙》、清代王概等的《芥子园画传》等，对透视、构图、技法等理论方面都作了较精辟的论述。尤其是明清时代的大量山水画的雕版印刷，如《古今图书集成·山川典》等，为我们介绍了名山大川、奇峰岩壑的逼真而生动的形象。另外明代宋应星的《天工开物》所载山水及采矿工程版图是一份不可多得的重要的"地学素描"史料。

15世纪，西欧正处于文艺复兴时代。单色明暗造型艺术极为盛行，"风景"从人物画背景中独立出来。以画家、科学家、工程师的达·芬奇（1452—1519年，）为代表，将自然科学理论与绘画经验结合，研究了"透视论""构图论""解剖论""色彩论"等。他在应用素描技法表现风景内容方面进行了大胆尝试，用以解决地质、水文、环境等方面的问题。该时期相当于中国的明代。

三、成熟时期

18世纪，地质学已成为一门独立学科。在水成论与火成论、灾变论与均变论的斗争中，地质素描作为记录资料、交流实况使用，在展开讨论中起到了重要作用。于是，地学素描不只在形，更深入到了"质""力"，以及"地质作用理论研究"方面。

19世纪，矿床学自矿物学中独立出来。由于人们对矿产的需求，地质矿产调查开始，这就要对各种矿产的产出特点进行素描记录研究，于是地质素描技术得以成熟。

鲁迅（1881—1936）早期学习与研究自然科学，在"江南路师学堂"从"地学"入门（1899—1901）。其后在日本学习期间发表了《说鈤》《中国地质略论》等论文，并合作编写《中国矿产志》一书，修编了《中国矿产图》。鲁迅，实际是"中国现代地学"的开创者之一。

四、发展时期

时至今日，地学素描更加成熟且得到了较大发展，成为地学工作者不可缺少的行之有效的武器。近代明暗素描法自国外引进以来，对我国地质素描是一个推动，正如鲁迅先生所说："例如阴影，是西法。但倘不扰乱一般观众的目光，可用时我以为也还可以用上去。"（书信，1934年3月28日）。不论是我国传统的线描法（白画），还是自国外引进的明暗法，或者是两者的结合，日益为广大地学工作者所掌握，出现了许多优秀作品及不同流派。

1954年7月，北京地质学院美工队编写印刷了中国第一本野外地质素描基础知识的《野外素描手册》，该书主要参考了当时苏联的有关书籍，具有开创性的贡献。该书述："素描本身是一单色的，正确的线条显示出光线的明暗以表现出物体的几何形态。"并记述了苏联拉尔钦科专家给研究生及大三学生报告时强调的："作为一个地质工程师，在他的工作报告中不仅要写得精简扼要，而且更要用摄影和素描插图来补充文字的不足，要练习用图表来表达思想。一个地质工程师要热爱素描，要学会素描。""作地质素描的原则是要真实正确地表达出我们观察到的自然界，不能随便运用美术家的笔法任意臆想地进行艺术加工而忽略了地质现象的描绘。"该书"结束语"指出："作为国家未来的地质工程师，应该是一个全面发展的人，为了今后工作的需要，为了使我们的生活更丰富和更充实，我们应该学习艺术，尤其是美术。"当时，北京地质学院绘图室王素的地质素描已经达到很高的水平。

20世纪60年代以来，地学素描的发展有3个显著的方向：一是进一步研究技法，使地质素描笔法多样，风格翻新，出现了更多高水平的作品；二是从实用出发，突出地质内容，用线简练，表达明确；三是基础理论的研究，融古、今、中、外或数、理、地、艺为一体，在地学素描的概念、特点、分类、构图、应用等方面形成了系统的理论，无疑它们将为地质素描水平的提高发挥更大作用。

1974年1月，地质出版社出版了蓝淇锋、胡长霄编绘的《构造形迹地质力学分析图示》，以图解方式阐述了李四光创立的《地质力学》。1977年3月，《地质与勘探》经连载编辑出版了蓝淇锋的《怎样画野外地质素描图》。该书阐述了"野外地质素描"的基本知识。1979年9月地质出版社又出版了蓝淇锋、宋姚生、丁民雄等6人编著的《野外地质素描》，其"前言"述为"地质素描吸取了绘画技巧和地质制图中运用图例概括地质结构、构造等特点，以运用线条为主要表现形式，来反映地质现象的形态特征和规律，在记录和阐明地质问题方面给人以直观、形象的感觉。"

1982年5月，地质出版社出版了李尚宽撰写的《素描地质学》。作者阐述了"作者试图以地质素描图作为主要表达手段，来阐述基础地质学的部分内容"。因此，这是一本素描图加说明的图书。

1987年中国地质大学（武汉）首次将《地质素描学》作为正式课程列入教学计划并付诸实施，这是在长期"地质素描讲座"基础上的一大进步，是对地质素描科技艺术的推动，也是应实际急需而开设的公共实用基础课。于是，《地质素描学》（王思源，1988）诞生。其"前言"述："地质素描一向无'学'，某些论述仅散见于少数书籍。"《地质素描学》的创立，首先归功于前人的大量实践。

五、新进时期

历史车轮驶进21世纪，各种彩色摄影大兴，尤其是手机摄影，随手可拍。地学工作者常借摄影代替"素描"，这实在是个大缺陷！现今地学书籍及论文中很少能见到素描图！

不过，摄影依然无法撇开各种不必要的现象以突出地学重点，不能有效提取有用信息，摒弃无用信息。简练线条速写，确实是野外记录的简捷方法。

一般，视觉艺术看来简单，而实际有着复杂的结构内容及繁杂的表现手法。作为地学视觉艺术的地学素描也是如此，欲突破则需要下一番苦功夫。但愿在这棵缓慢生长的常绿树上，能结出更多的丰硕成果。

第二章 应用透视法则

透视,意指通过透明面观察物体,映在透明面上的图像,例如透过窗玻璃观察外景的现象。眼睛称"视点",被注视的点称"心点"。若心点固定,称"焦点透视",如拍照;若心点在空间游动,称"散点透视",如扫描。

达·芬奇指出:透视学是绘画的核心。凡学习造型艺术,不学"透视理论",等于无根之木。

第一节 焦点透视基本理论

一、透视现象

放眼望去,奔驰而去的汽车,愈远愈小;连绵而起伏的山峦,愈远愈模糊;路灯下漫步的人们,离路灯愈远,其影子拉得愈长(图 2-1)。这些皆为透视现象。前者为透视变形,中者为透视变色,后者为透视变影,分别属于几何透视、空气透视、影透视。

上述现象,皆发生于目视一点时,由全部视线构成的顶角为 60°的视锥内,这个广阔的区域被称为视域、视野或视场。

图 2-1 街道建筑等透视现象
(索思摄影,2018)

二、透视原理

透视现象是人类对客观物体感觉判断的一种生理物理作用。人眼恰似一台小型照相机，眼球相当于镜头，视网膜相当于感光底片，目视一点，即相当于聚焦拍照之意。看下列眼睛成像纵剖图(图2-2)，其充分显示了成像过程遵循透镜成像规律。其中，眼球晶体是关键部件。

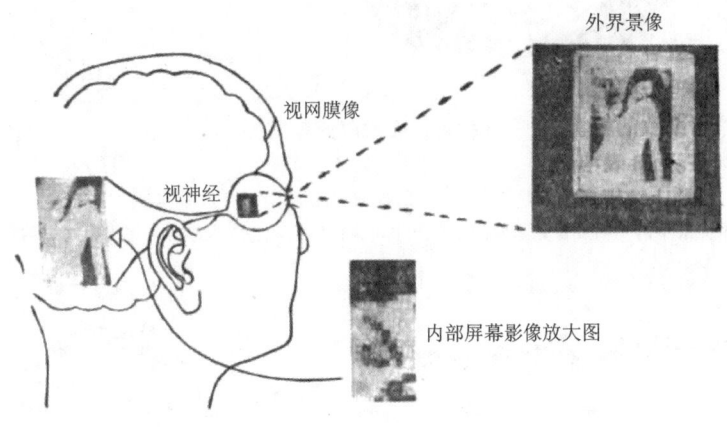

图 2-2 眼睛观物的成像原理
(据荆其诚，1987)

了解人类眼睛眼球的基本参数，可供作图计算及理论研究应用(表2-1)。

表 2-1 人类眼睛眼球的基本参数

分类	参数	分类	参数
眼球直径(D)	23mm	眼球焦距	15mm
瞳孔直径(d)		可辨物视角(θ)	
最大(d_{max})	8mm	最大(θ_{max})	$60°$
最小(d_{min})	2mm	最小(θ_{min})	$1/60°$

合成眼原理：人们观物，通常是两只眼睛同视一点，其所以成像为一，是由于两只眼睛的焦点重合。于是有了"第三只"眼睛，称"合成眼"，也叫"中央眼"(图2-3)。所谓透视规律，是这只"合成眼"中的规律；透视作图也便是在这只"合成眼"的视圈中作图。

三、透视定律

1. 透视第一定律(几何透视定律)

等大物体，由近及远，影像由大渐小，最后灭于一点。

证1——依透视现象：海域中的船队，愈远愈小，至海平线上消失不见；一望无垠的稻野，其平行的田埂向远方集中，愈远愈窄，最后消失于地平线……

证2——由几何光学：如图2-4中的S，设眼球为V，焦点为F，焦距为f，物距为u，像距为v。则在V前方(左)距离大于$2f$以外的形体，其像应在V后方(右)$F \sim 2F$区域中，即$f < v < 2f$。

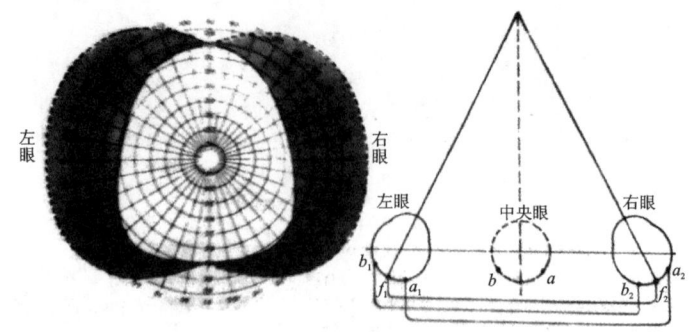

图 2-3 合成眼原理图解

(据荆其诚,1987)

左图为双眼合成后的视域；右图为双眼合成原理

a、b、f. 中央眼中的实物成像；a_2、b_2、f_2. 右眼中对应的实物成像；a_1、b_1、f_1. 左眼中对应的实物成像

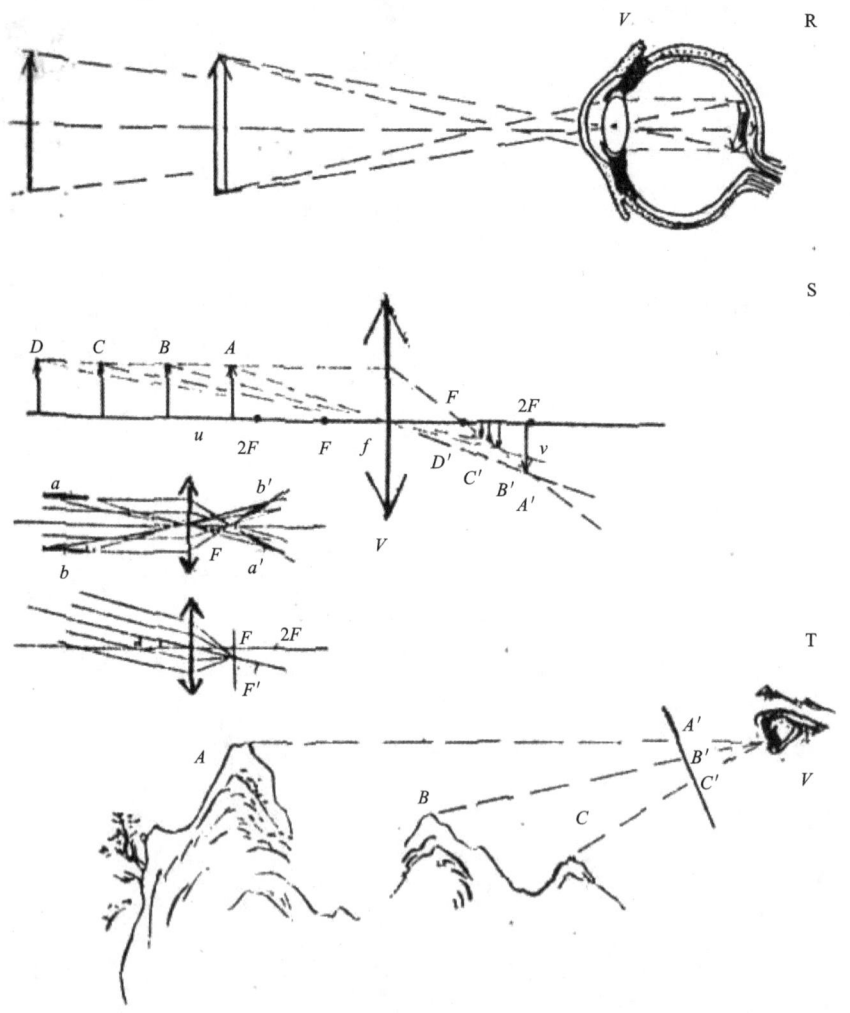

图 2-4 透视原理图解

$A \sim D$. 实物；$A' \sim D'$. 实物影像；R. 眼睛成像纵剖面图；S. 等大物体近大远小的透视原理图；
T. 等色物体近清远蒙的透视原理图

2. 透视第二定律(空气透视定律)

等色物体,愈远愈淡;等亮物体,愈远愈暗。于无穷远处消失不见。

证1——依透视观象:漠漠森林,近处苍翠,远处冥冥;初春原野,近处明媚,远处清淡……

证2——由物理光学:图2-3T。设 A、B、C 为离眼球光心远近不同的同种色彩的质点,在同一光场中,其吸收、反射、漫射的能力相同。漫射而来的同等的色彩粒子,因光程不同,即 $AA'>BB'>CC'$,则空气对颜色粒子的吸收与折射的程度不同:$AA'>BB'>CC'$。因此,在某一截面(透视面)上,A'——暗,B'——中,C'——亮。

一年中有春夏秋冬四季交替,各季节的阳光强度、大气密度不同,还有晴云阴雨导致空气的亮度、湿度、密度存在差异。归纳起来,影响物体色彩与明度的主要因素有距离(s)、时间(t)、天气(c)。透视第二定律有如下方程:

$$\varphi = f(s,t,c)$$

在某时刻,变量 t 与 c 可看作相对固定,则 φ 仅随 s 的变化而变化。

3. 透视第三定律(影透视定律)

在同一光场中,不透明物体的影子长度离光源愈近则愈短,且影子边缘相对淡而模糊,直至消失。

证1——依透视现象,在太阳光场中,一根电线杆从早晨到中午,其影子渐短;一栋楼房其影子边缘朦胧模糊至逐渐消失。

证2——由物理光学,因光的波动而发生了光的衍射,故边界模糊。

四、透视术语

透视:透过介质观察物体,此介质的某一截面上出现该物体缩小的立体形象,称该物体是在此面上的透视。例如,透过玻璃观察山脉、河流、树木、建筑物,若将映在玻璃上的影像画出,会发现是一幅缩小了的景观图。这意味着把三维空间的立体形象变为二维空间的立体形象,这面玻璃实际就是画面。

地平面:泛指地球地表平面,与"海平面"有等同意义,它是作透视观察对比的基准面。

视点:观察者眼睛的位置,视为眼球光心。代号 V。

视圈:视锥任一横截面的圆周。画面位于视圈内。代号 C。

透视面:与脸面平行,介于观察者和被观察者间的假想平面,即实际的画面。平视时,透视面为铅垂面;仰视或俯视时,透视面为一倾斜面。代号 Ps。

基面:与透视面垂直相交的假想平面。平视时,基面就是水平面或地平面;仰视或俯视时,基面为一倾斜面。代号 H。

视轴:与透视面垂直相交的一条视线,即视锥中轴线。平视时,视轴为一水平线,仰视或俯视时,视轴为一倾斜线。它也被称为视心线或中视线,仅有一条。代号 zz'。

心点:视轴与透视面垂直交点(垂足),是观察的中心。它通过眼球光心直达视网膜的黄斑凹处,是物像最清晰的位置,也称主点或视心。代号 O。

视平线:在透视面中,过心点的一条水平线。平视时,视平线在远方与地平线重合;仰视或俯视时,分别在平视视平线(地平线)的上方或下方。视平线仅有一条。代号 xx'。

视中线:在透视面内,过心点并与视平线垂直相交的线。可以看作是视轴垂直转过 90°,即把三维空间合到二维空间的平面内。此时,视轴与视中线重合,视点转于视中线上。视中线也称视垂线、心垂线。代号 YY'。

视平面:视域中,各透视面的视平线所共有的面。该面水平时,在远方与地平面呈透视相交,其交线即地平线。

视心面:过视中线与透视面及视平面垂直相交的面。3 个面的交线构成三维直角坐标系。

距点:与透视面呈 45°且与基面平行的线,在视平线上的消失点。距点只有两个,分别位于心点两侧,离心点等距,且等于视点到心点的距离。距点也称距离点。代号 S_1、S_2。

余点:与透视面呈除 90°与 45°外的任意角度且与基面平行的线,在视平线上的消失点。余点无穷多(即视平线上除心点 O 及两距点 S 以外的所有点)。若以视点 V 作直角,则两直角边交视平线 XX' 上的两点为互余点,代号 R_1、R_2。因此,两距点(S_1、S_2)是特殊余点(两余角各 45°)。

距垂线:过距点与视平线垂直的线。

余垂线:过余点与视平线垂直的线。

天点:与透视面及基面皆斜交的线,向上消失于视平线上方的点。该类线近低远高,向上倾斜,表现为倾斜面,如瓦房屋顶。依角度不同,它可分别消失于视中线、距垂线、余垂线之上。此点有无穷个。代号 Sp。

地点:与透视面及基面皆斜交的线,向下消失于视平线下方的点。它表现为倾斜面,例如瓦房屋顶。依角度不同,地点可分别消失于视中线、距垂线、余垂线之上。此点有无穷多个。代号 Gp。

顶消点:仰视观物时,如四棱塔,沿铅垂线向上方集中,是最终的消失点。代号 Tp。

底消点:俯视时,如塔楼,沿铅垂线向下方集中,是最终的消失点。代号 Bp。

测点:为作图,需要增加的辅助点。某点的测点是以该点为圆心,以该点到视点(V)为半径划弧,交视平线上的点。于是,心点 O 的两个测点是两个距点 $M_1(S_2)$、$M_2(S_1)$,余点 R_1、R_2 两个测点分别是 M_2、M_1。

焦点透视:是指视点(V)位置固定,心点(O)则固定的视域空间内的透视。如照相,相机位置固定对准一点(心点 O)聚焦清晰后,即按下快门拍照一样,故称焦点透视。由于视轴(主光轴)与水平面(或地平面)的相对角度不同,焦点透视可分为平视透视、仰视透视、俯视透视三大类(图 2-5),简称平视、仰视、俯视。其中,平视透视是基础。

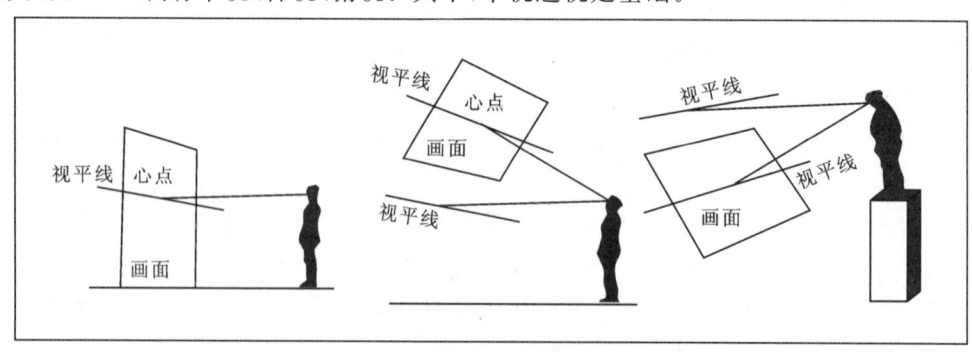

图 2-5 焦点透视三大类——"平视透视、仰视透视、俯视透视"示意图
(引自周君言,1988)

平视透视坐标系：由视平线 XX'、视中线 YY'、视轴 ZZ' 构成的三维直角坐标系，心点为原点（图2-6）。因为视轴垂直转过 90°即与视中线重合，故变为二维直角坐标系，作透视图，实际上是按透视规律在此坐标系中所作的图（图2-7）。

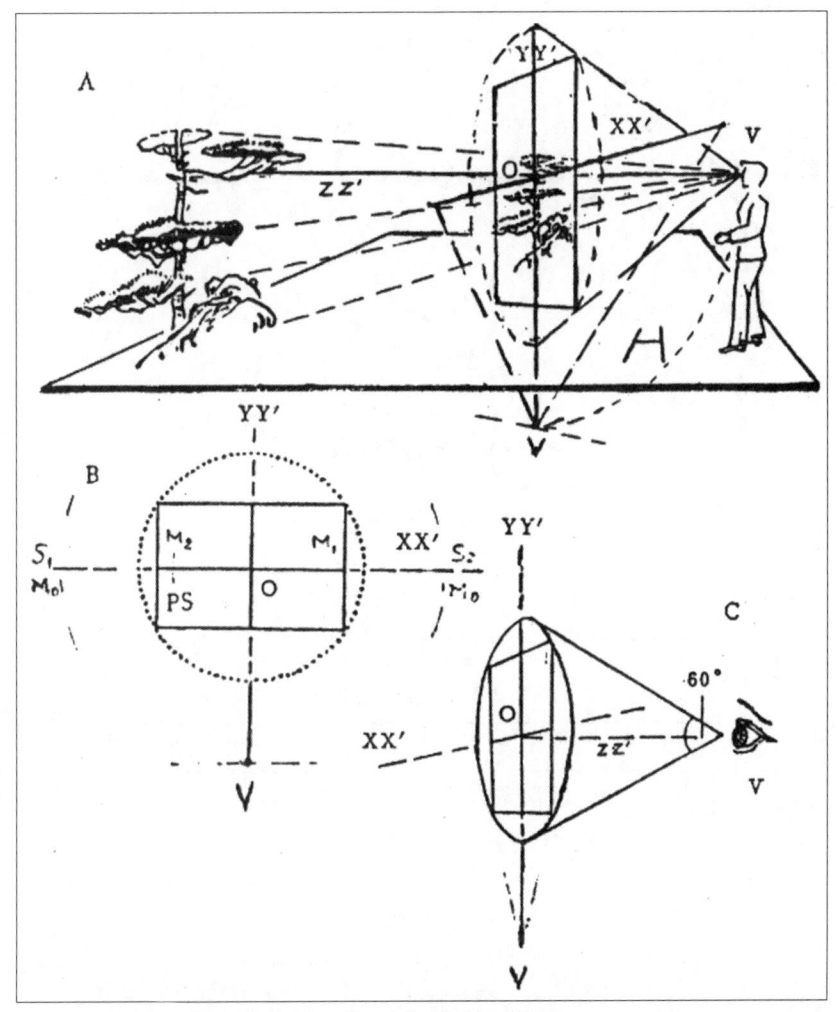

图 2-6　平视透视坐标系系统图解
A.眼睛成像纵剖面图；B.等大物体近大远小的透视原理；C.等色物体近清远蒙的透视原理

由透视原理可知，透视过程即载有物体形象的光线（信息）在眼球前方透明面上的投影，它与眼球后方视网膜上的像对应出现。透视过程即投影过程，以《射影几何学》的中心投影理论为基础，研究图形在投影过程中的不变性。在作图时，以视点（V）为投射中心，以视线为投射线，以透视面为投影面，透视图则为投影图了。

五、透视分类

从不同角度看，不同学者对透视分类不尽相同。按不同成因分类，透视可分几何透视、空气透视、影子透视三大类（表2-2）。

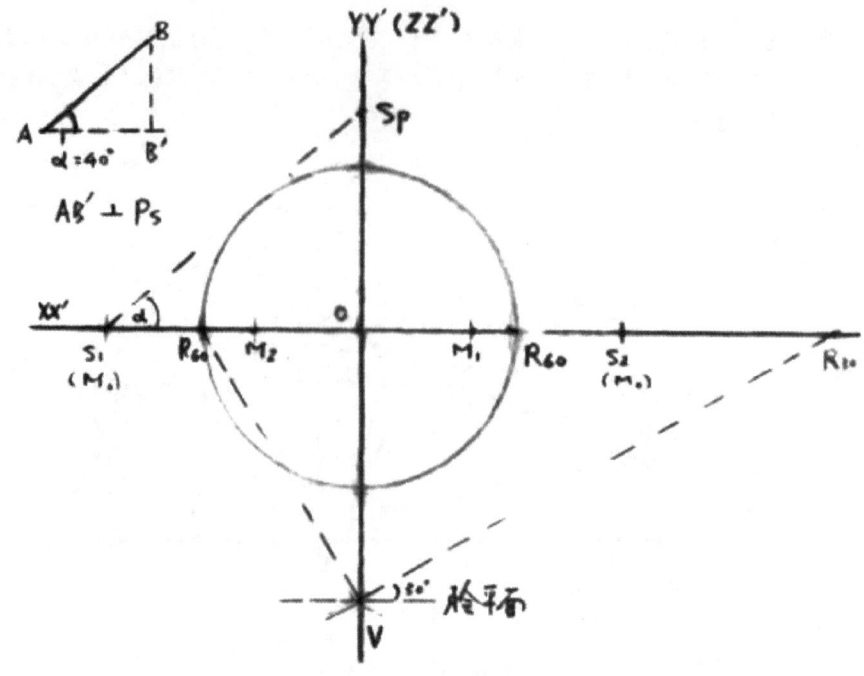

图 2-7 平视透视坐标系的建立

V. 视点；PS. 透视面；O. 心点；XX′. 视平线，YY′. 视中线（与 ZZ′. 重合），距点 S_1、S_2；心点的测点 M_0；余点 R_1、R_2；余点的测点 M_1、M_2；倾斜面 AB；倾斜面之倾斜角 α；天点 Sp

表 2-2 透视分类简表

透视大类	透视次类	透视具类	透视小类
几何透视	平视几何透视（视轴水平）	平视线透视	—
		平视面透视	—
		平视体透视	平视平行透视
			平行成角透视
			平行倾斜透视
	仰视几何透视	仰视体透视	仰视平行透视
			仰视成角透视
	俯视几何透视	俯视体透视	俯视平行透视
			俯视成角透视
空气透视	浓度透视	—	—
	明度透视	—	—
影子透视	阴影透视	—	—
	反影透视	—	—
	倒影透视	—	—

几何透视：也称形体透视，研究几何形体在视觉领域中的透视变形规律，它是几何、光、生理作用的统一。如果平视并注视一点（心点），即视轴水平，则称此视域为正常视域。在此视域中的所有几何要素——点、线、面、体皆遵循正常几何透视规律，需按正常透视法则作图。正常视域外围部分称为非正常视域。仰视或俯视时，视轴分别指向正常视域上方或下方。此时视轴仍垂直于透视面但与水平面相交，其交角即仰角或俯角。设仰角为 α，透视面的倾角为 β，则

$$\alpha = 90° - \beta$$

几何透视能准确表现立体空间，阐明画者（视点）、画面（透视面）、形体（被画对象）三者之间的关系，此三者为透视三要素。

空气透视：是研究和表现空间距离对形体的色彩浓度及明暗强度所起的视觉作用。它是物质、光、生理作用的统一。骋目望去，由近及远，随空间深度不同，空气由薄渐厚。则远近射来的载有形体特征的光信息的多寡不同。因此出现了近处色浓、远处色淡、近处明朗、远处灰暗的透视规律。前者为色彩的浓度透视，后者为色彩的明度透视。试看夏日晴天，自近而远，天空由深蓝—淡蓝—灰蓝；云朵由白—黄白—灰白；地面近青、中绿、远红。就明度而言，一般由近而远，色调由明朗—模糊—暗淡。设浓度为 C，则其梯度为 dc/ds；明度为 m，其梯度为 dm/ds，由上述论证，不难看出，C、m 呈线性相关，建立如下关系式：

$$C = km$$

即远处色淡则浓度小，近处色明则浓度大。

影子透视：关于形体在光场中出现影子的透视，它是光源、光距及几何形体的统一。以影的产生原因及方式，分为阴影透视、反影透视及倒影透视。前者系形体在光场中遮光而投于基面上的影子；中者为镜面反射而成的像，所成像与实际形体方向相反；后者为形体在静水面或玻璃地板上的倒影，形体与影像首尾相接。若以 R 表示形体与影像的相对大小，则

$$R = -R$$

即两者大小相等，方向相反。以光源的性质可分为平行光阴影透视与点光源阴影透视。前者一般指太阳光，在远光源的地球上，接近平行光；后者一般指灯光，在近灯源的发射型光场中，投于地面的影子遵循中心投影法则。影透视是表现立体空间的有效方法之一，它本身既含有形体透视，也含有影调深浅的变化。

15 世纪末，达·芬奇所分的线透视、色透视及隐没透视，分别表示缩形、变色及模糊程度的规律，皆在上述三大类中。

第二节　焦点透视图基本作图法

一、焦点透视作图法则

焦点透视为中心投影，即注视一点，则心点、视平线、视圈皆固定，视锥内的形体遵循焦点透视规律。

焦点透视,最难把握的是几何透视。掌握几何透视基本作图法是实际应用的基础。一般说,在实际素描中用如下法则:

1. 透视基础法则

地平面永远是衡量几何透视类型的基础;另脸平面总是与透视面平行;视轴始终与脸平面垂直,因此也始终垂直于透视面。由此,几何透视分为:平视透视、仰视透视、俯视透视三大类。

2. 透视固定法则

一旦心点固定,则透视坐标系固定,视锥内一切物体的透视关系皆固定。

3. 透视要素法则

同幅透视图中,只能有一条视平线(XX'),一个心点(O),两个距点(S_1、S_2),而余点(R)无穷多。但若以视点(V)为角点作直角,则两直角边交视平线的两点,为两个互余点(R_1、R_2),即

$$\angle R_1 + \angle R_2 = 90°$$

4. 透视大小法则

交透视面方向的一系列物体有大小变化,平行透视面方向的一系列物体无大小变化。

5. 透视定位法则

远点物,愈远愈靠近视平线;近点物,愈近愈远离视平线。

6. 透视定向法则

平行于透视面的线,方向不变;垂直于透视面的线,消失于心点;斜交于透视面的线,平行于基面者消失于余点,斜交于基面者消失于天点或地点(图2-8)。

二、平视平行透视坐标系作图

平视正前方,注视一点不动,则平视坐标系固定。这个坐标系由视平线与视中线直交成90°的二维坐标系,坐标轴上有几个特殊的坐标点,视点 V、心点 O、两个距点 S_1 与 S_2(图2-9～图2-11)。

画法:(1)先在适当位置画前沿正方形;(2)将四个角点连心点;(3)将正方形一角点连距点(测点),交连心点的消失线于一点,得顶面或底面后方的另一角点(图2-10);(4)继续连线,横棱平行视平线,竖棱平行视中线(图2-11)。便可得到坐标系中某位置的立方体透视图。

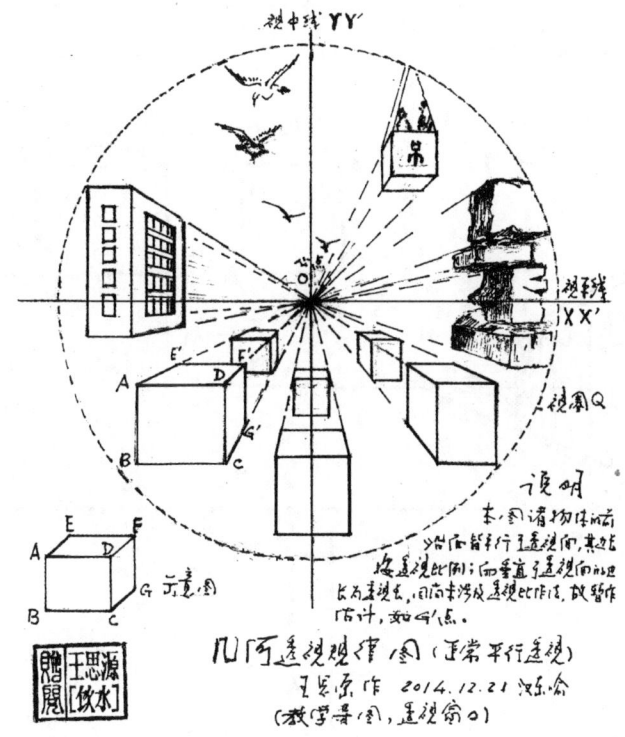

图 2-8 平视平行透视视域中物体变形规律图

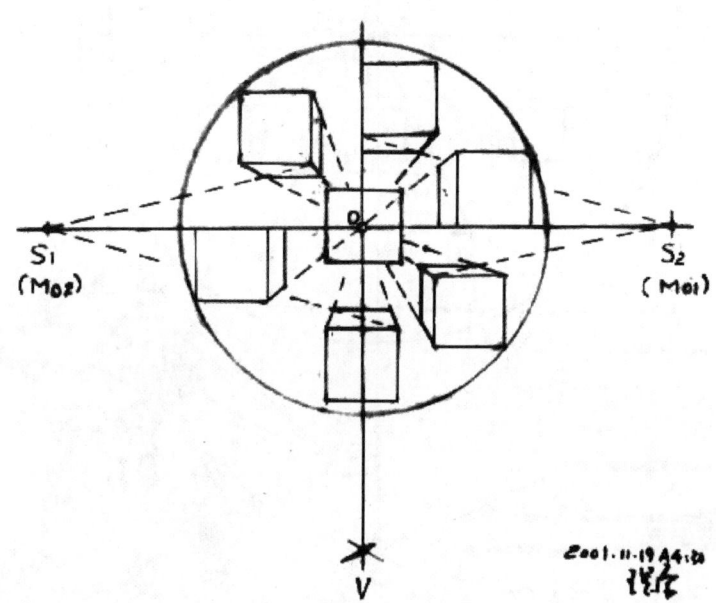

图 2-9 平视平行透视坐标系作图(以立方体为例)

XX'. 视平线;YY'. 视中线;V. 视点;O. 心点;S_1. 距点(测点 M_{O2});距点 S_2(测点 M_{O1})

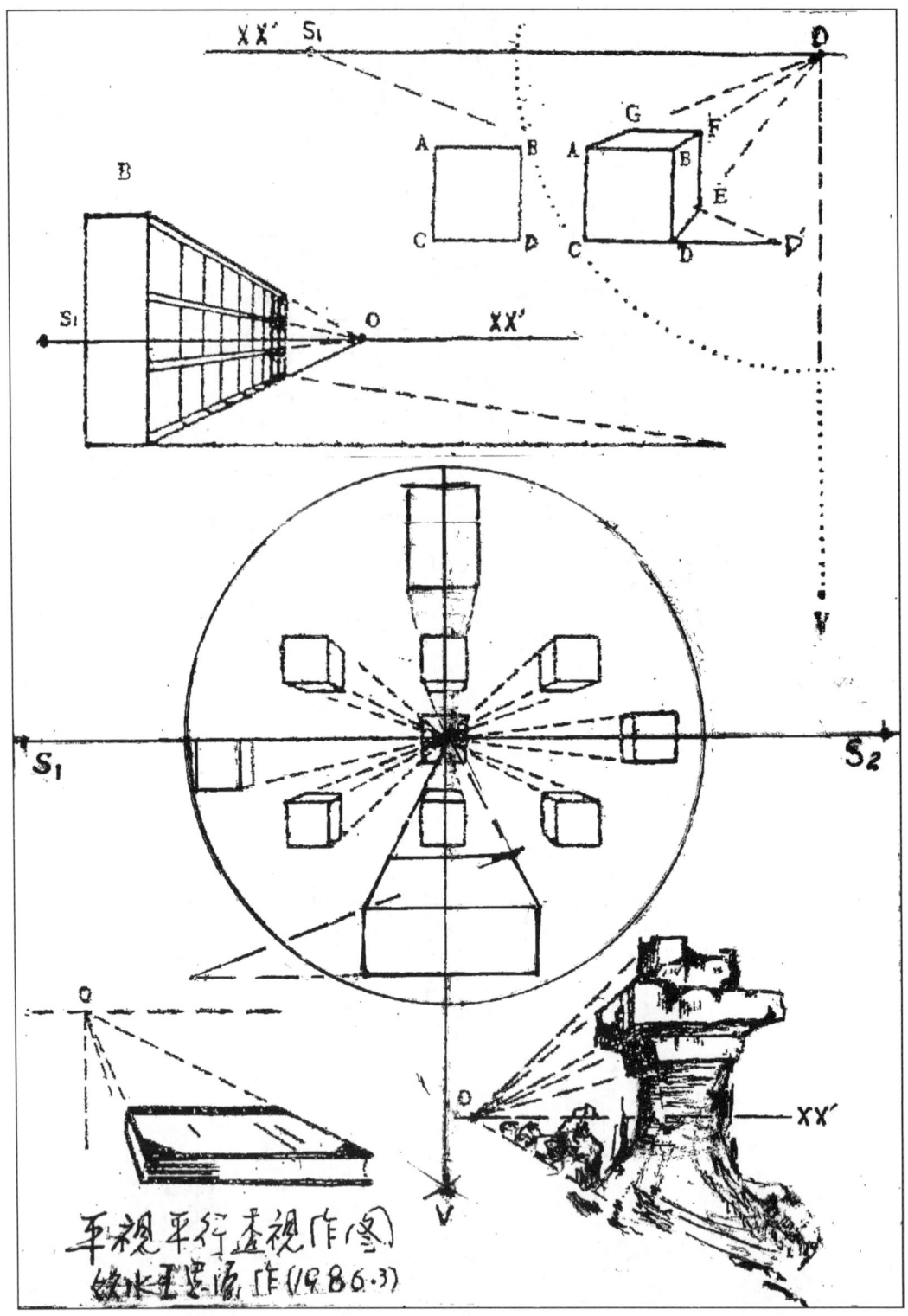

图 2-10 平视平行透视作图

若是长方体,则先画前沿长方形

图 2-11　平视平行透视素描实例

三、平视成角透视坐标系作图

平视正前方,注视一点不动,则平视坐标系固定,视为视平线与视中线直交成 90°的二维坐标系。坐标轴上有几个特殊的坐标点,视点 V、心点 O、互余余点 R_1 与 R_2(定点 R_{30} 与 R_{60})(图 2-12～图 2-14)。

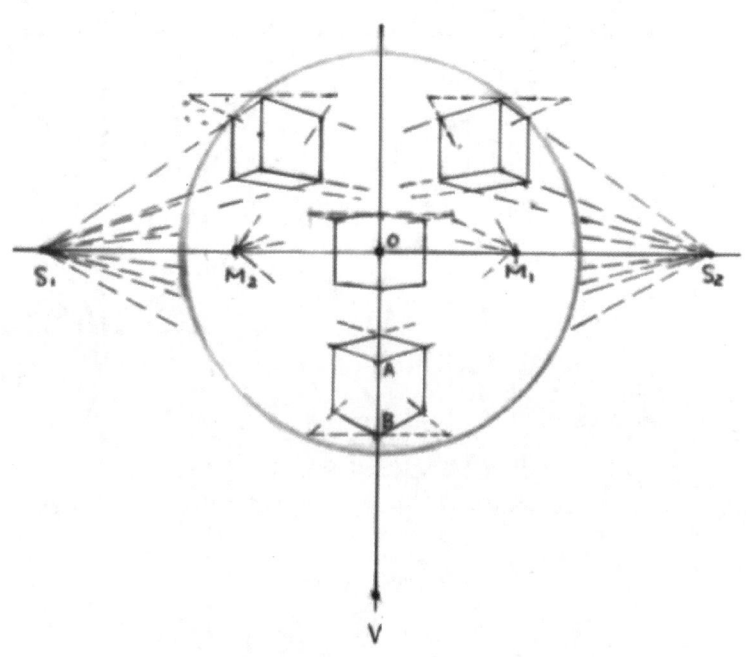

图 2-12　平视成角透视坐标系作图(以立方体为例,垂面夹透视面为 45°)
XX'.视平线;YY'.视中线(ZZ');V.视点;O.心点;S_1.距点(测点 M_2);S_2.距点(测点 M_1)

画法:(1)先于适当位置画前沿棱 AB;(2)将两个端点(A、B)分别连距点(S_1、S_2),见图 2-13;(3)过 B 点作辅助线平行于视平线 XX',自 B 点向两侧各截取线段等于立方体边长,将两截点分别连两测点(M_1、M_2),见图 2-14;(4)继续连线至完成。

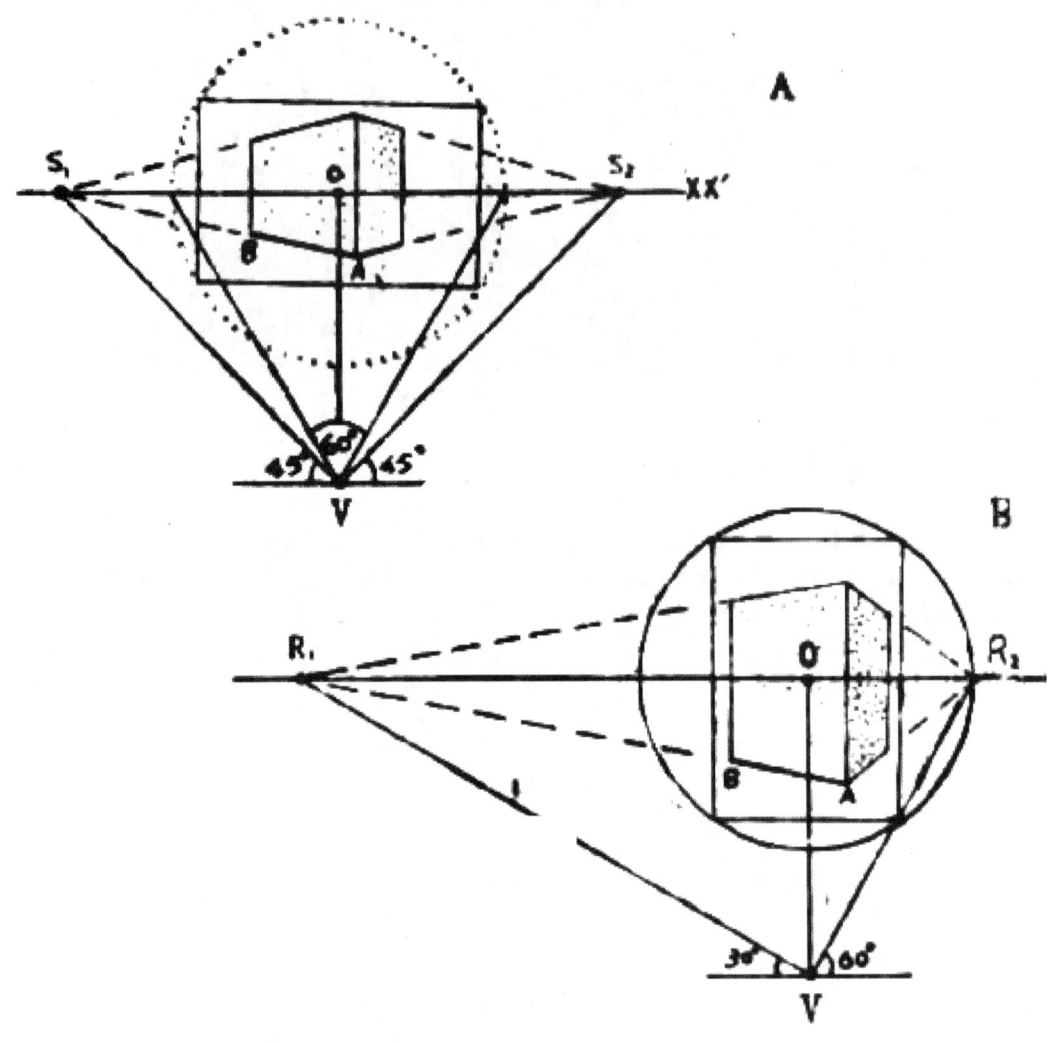

图 2-13 平视成角透视坐标系中直方体的成角透视关系图
A 图,两距点(S_1、S_2)即两余点(R_1、R_2),两余角各 45°;B 图,两余点(R_1、R_2),两余角分别为 30°、60°

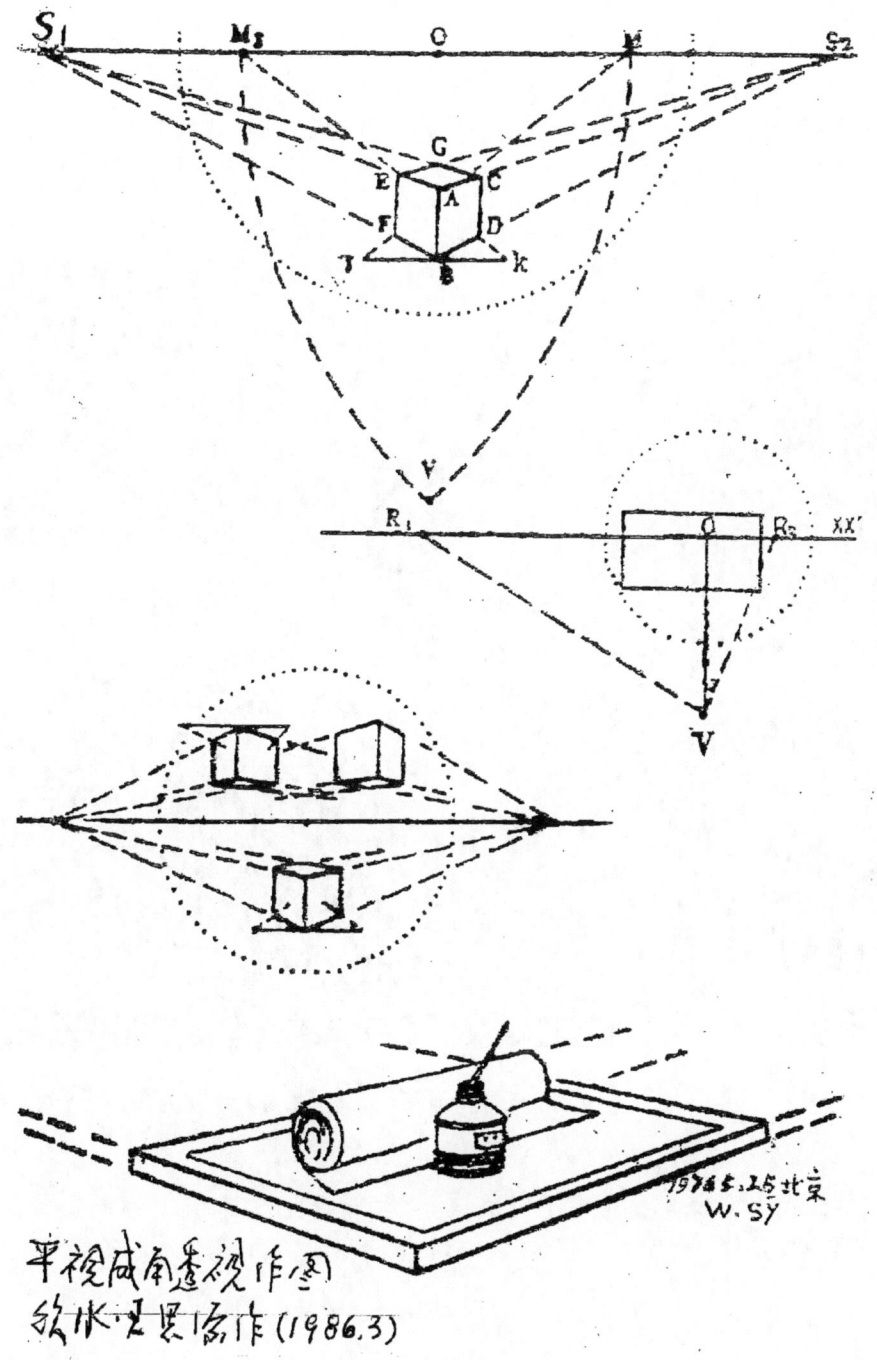

图 2-14 平视成角透视图

四、平视倾斜坐标系作图

平行倾斜透视作图,意指将倾斜面或倾斜体,在平视倾斜坐标系中的作图。前者如滑梯、倾斜屋顶、斜坡路面;后者如斜塔、倾斜火箭等。

判断是否是"平行倾斜透视",其关键:一是有倾斜面或倾斜体;二是横线组与取景框(照相机框)的横边框平行(图2-15)。

图 2-15 平视平行倾斜透视实例
(索思摄影,2018.1.10)

图2-16显示,横线条与横边框平行决定为"平行透视";因而,马路两边线向远处心点集中;桥梁的梯路栏杆倾斜向斜上方集中,消失于视中线的天点,决定为"平视平行倾斜透视"。

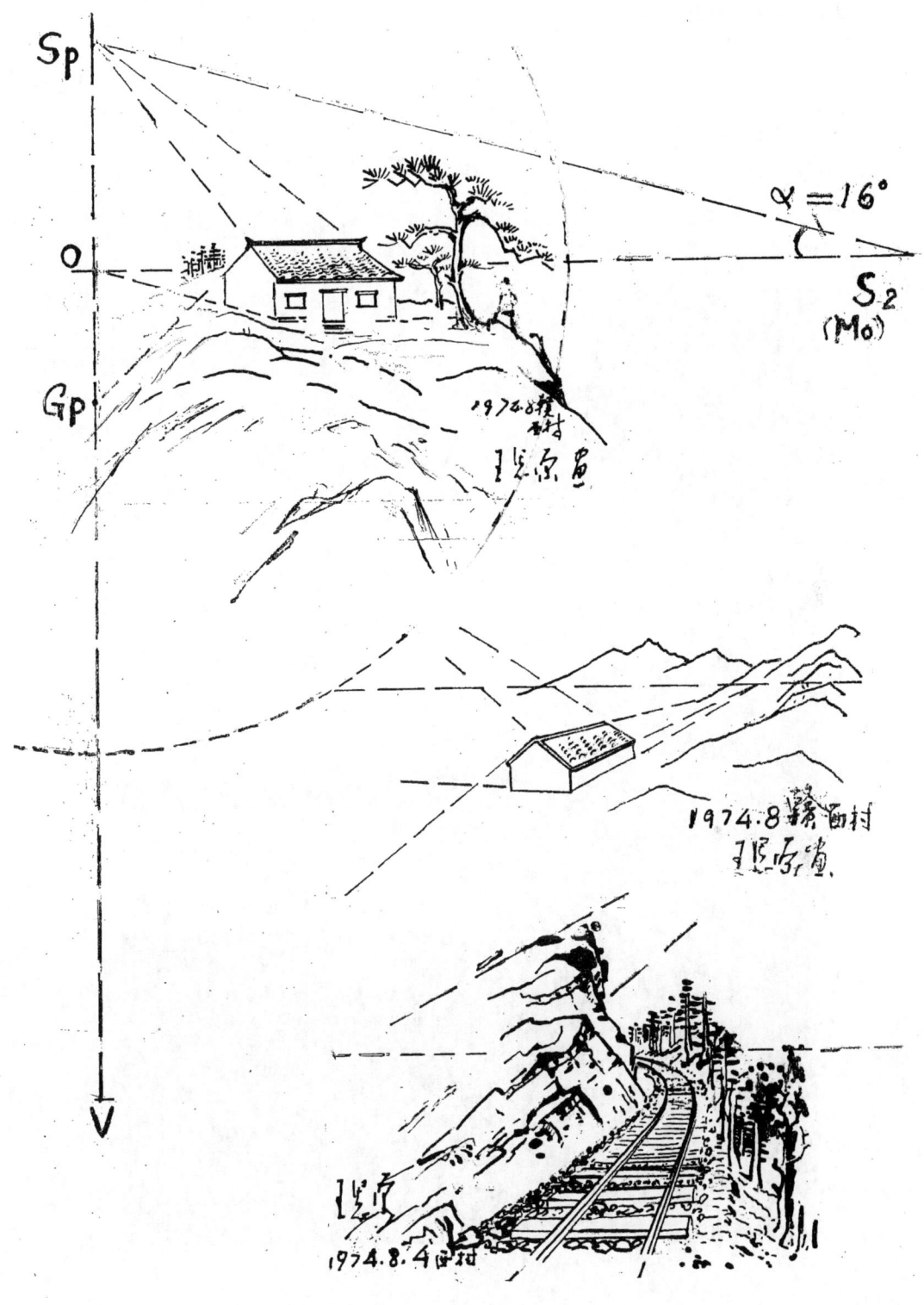

图 2-16 平视倾斜坐标系作图实例

五、仰视透视坐标系作图

在低处仰头斜上方,例观楼、看山、看塔,透视面倾斜。以被观测物体的主面与脸面关系分,有仰视平行透视与仰视成角透视。仰视透视时,其心点(O)即物体顶点(注视点)。

1. 仰视平行透视

直角方形体的横线组与脸平面及地平面皆平行的透视。铅垂线向顶消点(Tp)集中,与正常透视面垂直的线组消失到正常视平线(地平线)的心点(O)(图2-17~图2-19)。

图 2-17　仰视平行规律图(云客摄影,2018.12)
横线组平行于视平线;竖线组向顶点集中;垂直透视面线组消失到心点

图 2-18 仰视平行透视实例(索思摄影,2018.9)
横线与视平线平行,只能看到楼房顶沿而看不到顶面

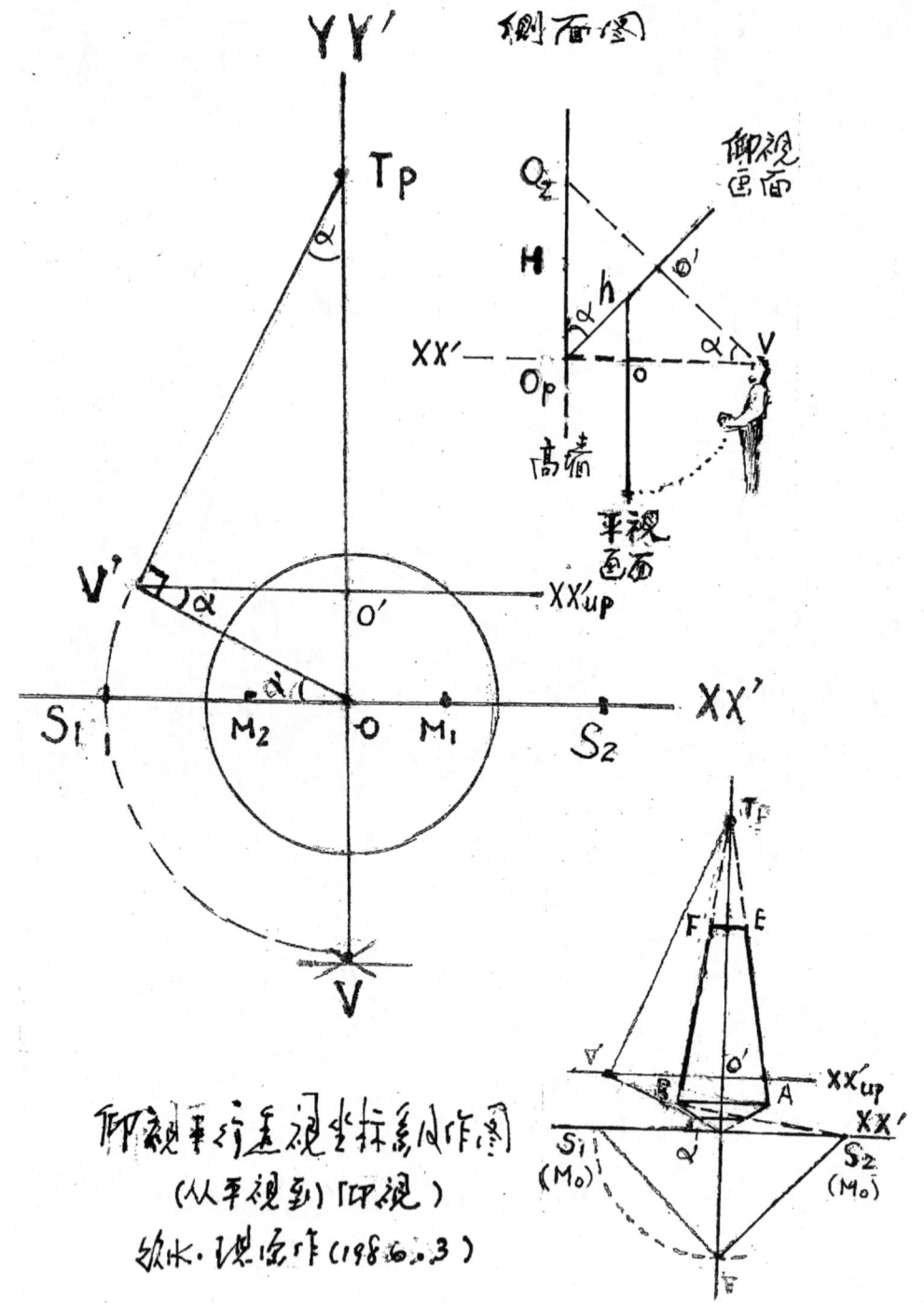

图 2-19 仰视平行透视坐标系的建立及作图示范

透视作图要点：①作仰视平行透视坐标系；②在正常视平线（即地平线）上方画出直角方形体的前沿底边 AB；③将 A、B 连心点 O，作直角方形体底面透视图 $ABCD$；④将 A、B、C、D

连顶消点 Tp；⑤在视中线截取透视高 $h=H\times\cos\alpha$（H 是方形体的实际高度，α 为仰角）；⑥过截点作 EF 平行 AB 即得。

2．仰视成角透视

直角方形体的一个棱角对着观察者的透视。铅垂线向顶消点集中，两组平行水平面的线消失到正常视平线的距点（S_1、S_2），详见图 2-20～图 2-22。

透视作图要点：①作仰视成角坐标系；②在正常视平线（即地平线）上方点入前沿棱角点 A；③作底部直角四边形 $ABCD$；④将 A、B、C、D 连顶消点 Tp；⑤在视中线截取透视高 $h=H\times\cos\alpha$（H 是方形体的实际高度，α 为仰角）于截点 O'；6．连结 O' 及余点 R_1 交前沿棱于 E；⑦连 R_2 即得。

图 2-20 仰视成角透视实例——云南苗寨竹木建筑，依山傍水
（画报剪辑）
竖线向上方集中，看到阁楼顶檐，但看不到顶面

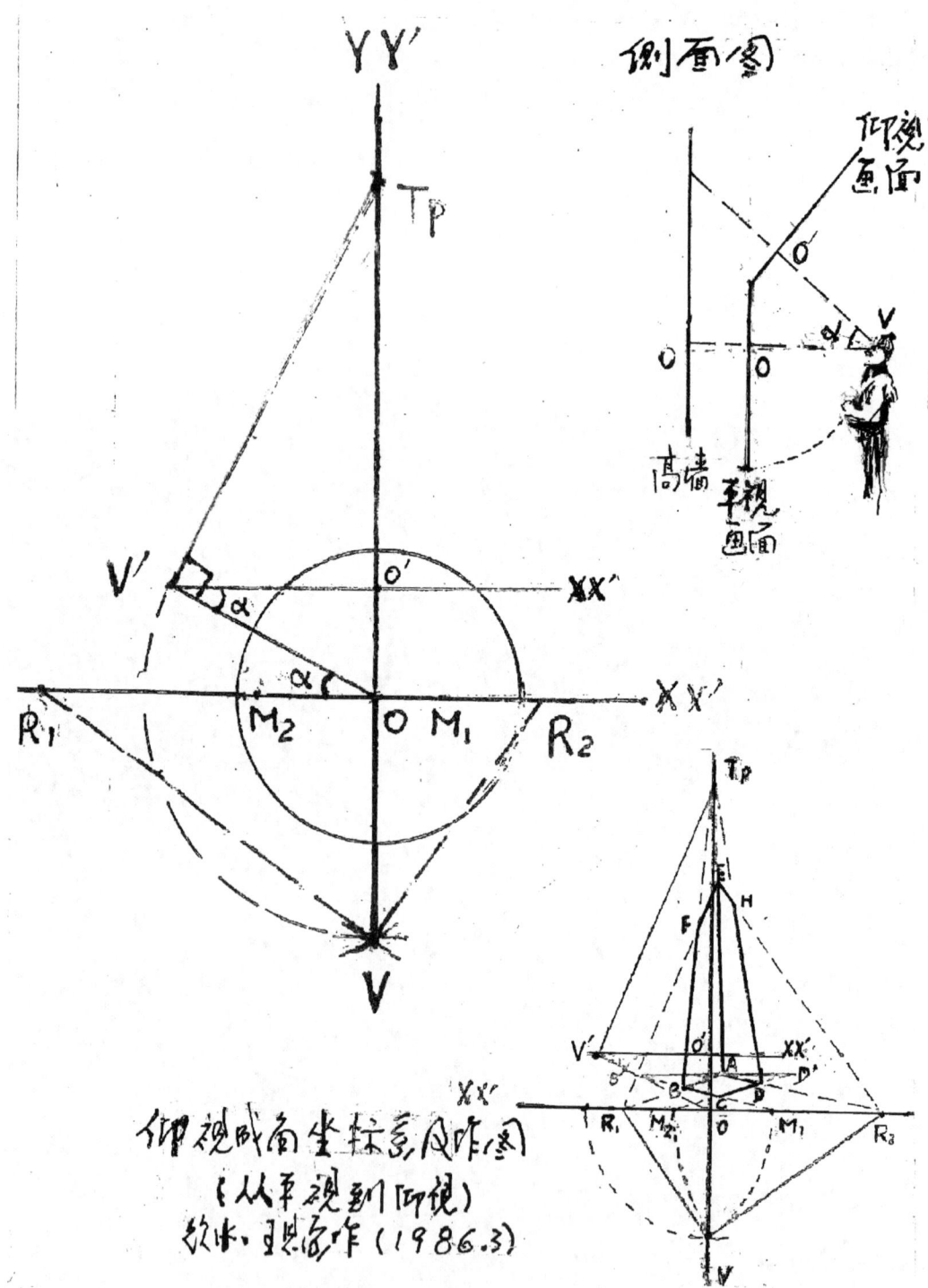

图 2-21 仰视成角透视坐标系的建立及作图示范

第二章　应用透视法则

图 2-22　仰视成角透视摄影(索思摄影,2018.12.21)
仰视摄影,将照相机仰起取景,此时的相机屏幕就是透视面。
屏幕与地平面的夹角是仰角,也就等于与平视时的视轴的夹角(α)

五、俯视透视坐标系作图

站在高处,低头看斜下方,例如观楼、看物、看山谷,透视面倾斜。以被观物的主面与脸平面的关系分,有俯视平行透视与俯视成角透视。

1. 俯视平行透视

俯视方形物体,见竖棱向下收敛,看到顶部,而不能看到底部(图 2-23)。

图 2-23　俯视平行透视实例(索思摄影,2018.9)

2. 俯视成角透视

视点(观者)很高,俯视斜下方(图 2-24)。

图 2-24 俯视成角透视实例

上大下小,竖线向下集中;看到顶部

第三节 散点透视基本理论(第四透视定律)

散点透视不受固定视域限制,将不同位置看到的景物有机地组织到画面中,使之内容更丰富,空间更深远,画面更广阔,形象更生动。遵循扫描规律,扫面的"光足"就是"心点"(动点)。因而,有人把散点透视也称为"活点透视"。

由此,焦点透视是基础,散点透视中含有无数焦点透视,即散点是焦点的总和。以 A 表示散点透视,x_i 表示散点透视中所含的个体焦点:

$$A = \sum x_i \quad (i=1,2,3\cdots\cdots)$$

中国传统绘画,当表现大面积的景物时,即采用散点透视。散点透视基本有两类:一是原地扇面扫描透视;二是走动路线扫描透视。

一、原地扇面扫描透视

身体原地转动,眼睛(视点)正视前方,便形成弧形扫描面,有如展开的折扇。诸折棱相当于视轴,其整体透视面则是直立的弧形面,其视平线,也就是弧形水平线。将这弧形画面压在平面上,则变成横向长卷(图2-25)。

也可以看作是弧形转动视点过程,分几个"心点画面",按焦点透视法则作图,然后用"虚笔、虚景"关联,成为一幅完整的横卷画面。这犹如几幅连环画拼接,读者也是移动视点观看。这种"原地扇面扫描透视法",一般用于中型到中长型景观或剖面(图2-26)。

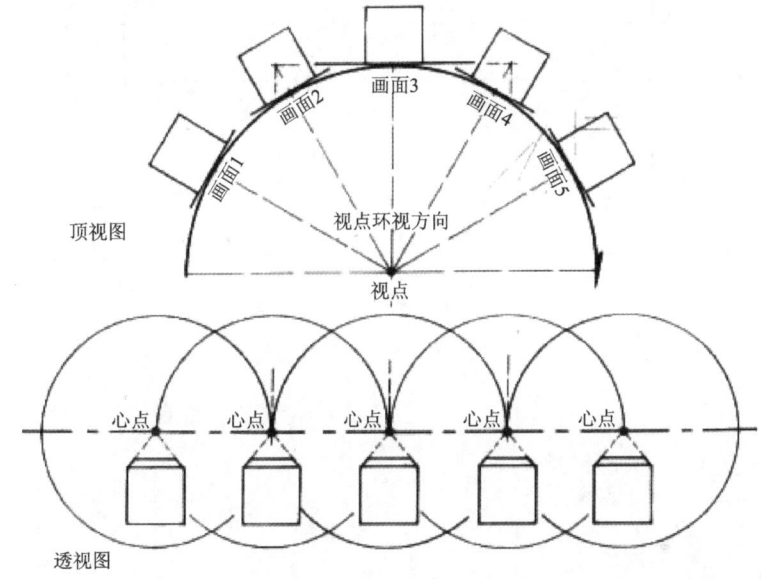

图 2-25　扇面扫描散点透视图解(据魏永利,1989)
立足原地,视点左右横向转动,作扇面(半圆)扫描

图 2-26　酒泉南山北坡酒泉－玉门宏积扇上冲断层陡坎
(据北京地质学院,1959)

二、走动路线扫描透视

1. 横向走动路线散点透视

观察者走动,视点就走动,心点也移动(图 2-27～图 2-29)。古代典型画例有:

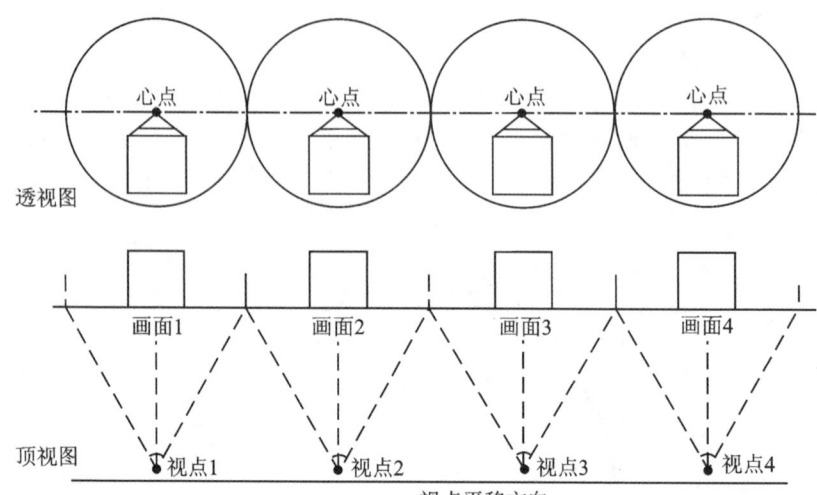

图 2-27　走动扫描散点透视图解

（选自魏永利,1989）

图 2-28　高楼建筑走动扫描透视构图实例

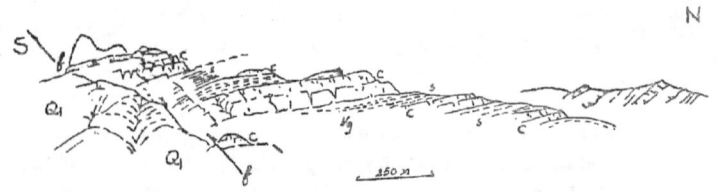

注:表示比较老的牛角地层超复于比较新的玉门砾石层之上。

图 2-29　酒泉文殊山构造南翼表示冲断层的素描图（杨钟健素描）

Q_1.玉门砾石层;Ng.疏勒河筒的牛角地层;C.砾石层;S.砂岩及砂质亚黏土;f.冲断层

2. 由低向高走动路线散点透视

多用于丛峦叠嶂的山地写生,自山麓向山上行走过程的信手勾画记录。

第四节 地学素描远近法应用法则

透视理论,在地学素描过程中,给与规律性的指导,尤其是构图,需要透视理论对物像轮廓以及画面布局的控制。不把握这一关,是不可能画出空间感!这便是"远近法"的总体应用原则。

一、透视功能

表达空间立体感:此为透视理论的第一大功能,它不但是工程制图、机械设计、绘画工艺等专业所必修的,也是地学素描不可缺的一大基础理论,尤其是立体型地学素描,它们的立体形象、体积大小、经营位置、空间关系,需通过透视作图或透视检查才能准确无误地表现出来。如果画物平扁或看起来奇怪,主要是透视关系有问题。广袤无垠的原野、磅礴层叠的山峰、危岸参差的大海,其空间感除通过深浅浓度变化的空气透视外,几何透视起主导作用,几根透视线常决定它们的空间关系;高大挺立的岩溶石柱、奇形怪状的岩石及矿石、千变万化的矿物或古生物,它们的立体形象的表现全不能脱离几何透视。

表达中心主题:不同透视类型其特点不同,则适合表现不同主题。平行透视具有稳重大方、雄浑壮实、端庄整齐、平展直观等特点,在景观剖面图、景观图、小型露头素描、手标本素描中经常用到。成角透视具有多变、灵活、远展、开阔的特点,广泛应用于各种立体型地质素描中,更常见用于各种山峰、石林、石柱、水平岩层、各种手标本等。倾斜透视富于变化各具有动势感,地质素描中常遇到的探槽、溜矿槽、屋顶、公路斜坡、山坡、斜坡上的管道、倾斜岩层、手标本等的倾斜面及倾斜线需应用倾斜透视法。仰视山峰或高大建筑物,显得雄伟壮观、巍巍屹立;随仰角逐渐增大——观者离被观者愈近,下大上小特征愈突出,呈现出顶天立地的高大形象;但无限增大仰角,会引起严重变形,以至失真。俯视原野或村庄,显得宽旷舒展,景象万千;随俯角逐渐增大——视轴与地面交的角愈大,远近景物皆较清楚,但立体感较弱。在地质素描中,由于地形所限,有时不得不在低处画山头上的某一现象,需要仰视;从山头上向谷画,需要俯视,仰视常用以表现陡立的山峰、石林、海蚀岸、黄土崩等地质地貌。

控制轮廓:规则几何体的透视图较易作出,而客观外界那些大量的随机的不规则几何体的透视关系,常常使人束手无策。其实,大处分析,它们依然近似于某一规则几何体,即可用这一规则几何体的透视图控制大轮廓。

表达质量感:这主要靠表现物体固有色及环境色经空气透视后所产生的效果:浅调轻,深调重。因此,远处缥缈,近处稳健。不同物体的固有色由不同物质的色素所决定,但由于光源色、环境色、天气变化的影响,使物体色调变得复杂化。地学素描是以固有色为主,以深浅程度不同的黑灰白对比,表现不同黑白影像。

增强艺术感染力:地学素描不同于机械制图,而是要求一定的艺术效果,需恰当运用空气透视及影透视。在景观素描中,常用以表现白云飘浮、崇山隐映、瀚海平远、峰水交融等。

二、透视应用

透视面的判断:在"地学写生"中,与其说透视类型取决于透视面与基面,毋宁说取决于脸平面与地平面,因此以脸平面及地平面判之,来得更实际、更具体。在地学素描中,仍然可遇到与脸平面(看作无限延展面)平行与地平面垂直的面,或与脸平面斜交与地平面垂直的面,或与脸平面及地平面皆斜交的面。大者如一条绵延的山岭,中者如一幕天然陡壁,小者如一块岩石标本。以山而言,山的斜面与地平面的交线——坡脚线,如果与脸平面平行,则此斜面为平行倾斜透视,如果与脸平面斜交,则为成角倾斜透视(图2-30)。

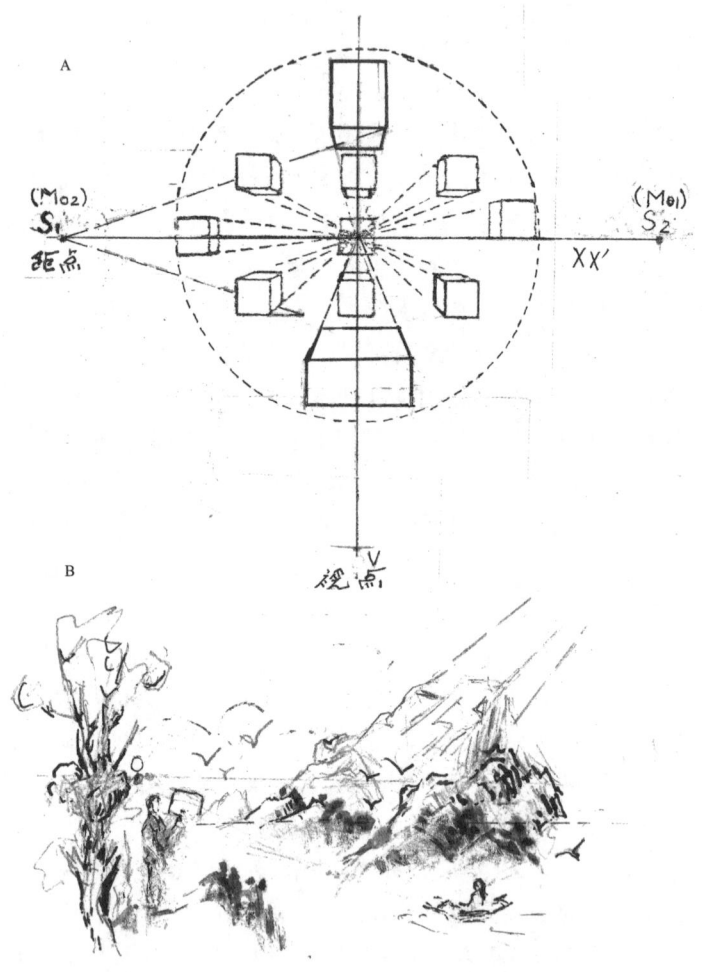

图 2-30 透视原理应用
A.群体方形体平行透视相互关系;B.顺山脉坡脚线观察,例图中坐船人,
视平线平行于图横边框;若坡脚线与脸面平行,例图中站立人,则视平线与坡脚线平行

群体透视的准则:在一幅群体透视图中,诸物体皆有自身的透视类型(图2-31)。例如,近处的高楼呈平行透视,远处的山脉很可能就呈成角透视。需在同一透视坐标系中按各自的透视关系分别作出,不能强求一律。

散点透视的采用:欧美绘画主要应用焦点透视,而中国画常用散点透视。散点透视是在广阔而变化的视域中,投入若干心点,将所见到的现象有机地组织到同一幅画面中。这种透视作图类似于光谱扫描,可称为"扫描透视"。中国画的横轴或立轴广泛采用了散点透视,前者如宋代张泽端的《清明上河图》,后者如明代王世昌的《山水图幅》。在地质素描中,有时被写对象很庞大,如连绵的群山。但又受条件限制,不能远距离作图,这样,当目视一点时,部分被写对象处于视域之外。素描时,可对被写对象进行正、侧、仰、俯地观察,用二次透视法作图,画面位于第二透视面。实际是采用约束视角的方法,进行大面积作图,将各个不同部分不失真实地组织到画面中来,使画面宽广而深,内容生动而丰富(图 2-31)。

色调透视的表现:在素描上,其表现有两种方法:一是用不同深浅、刚柔的线条表现空间感。近处色深且刚,远处色浅而柔;近处线密而笔触浓重,远处线疏而笔触轻淡。另一方法是以白指代天空。中国画颇善于运用这一方法,通过加强其他部分,以表现天空的深远。

影透的应用:影透视是加强空间感及立体感的重要环节,达·芬奇很强调这一点,说:"阴影是物体及其形状的表白"。在立体型地学素描中,适当应用阴影,可以收到良好的效果。

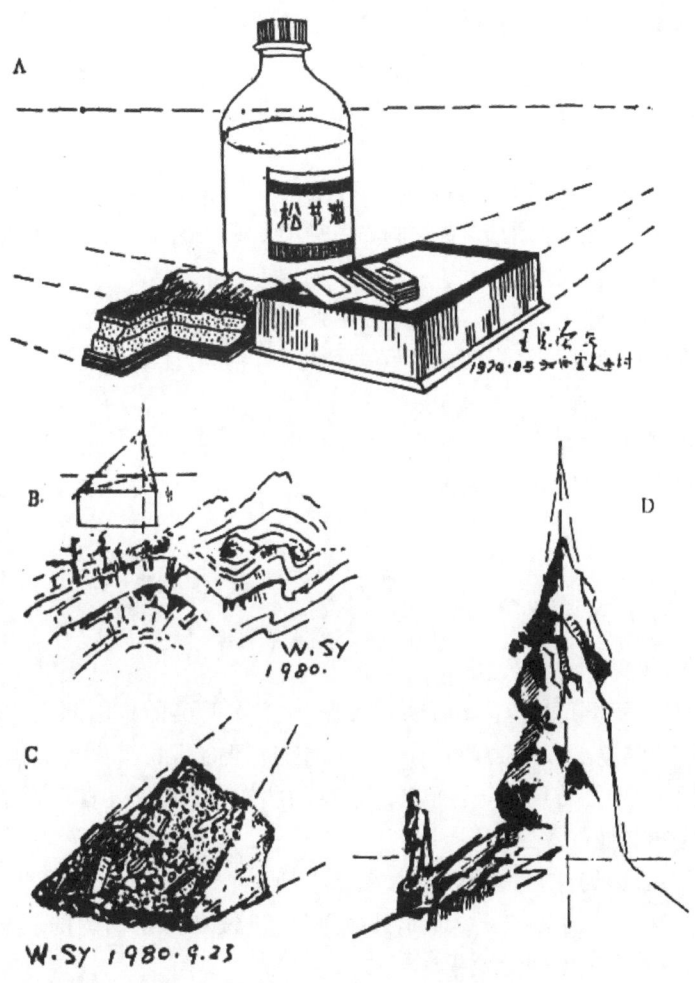

图 2-31 透视法则的地学应用实例
A.成角透视;B.平行透视;C.倾斜透视;D.仰视透视

第三章　应用构图法则

第一节　构图基本理论

一、构图概念

构图,意指将被写对象的各部分有机组合,恰当地配置,合理地安排,使之在画面内艺术地表现作者的中心意图。也称布局、经营位置。包括对物体、空间、对比、表现等的造型过程的构思与实施。

二、构图作用

揭示主题:构图是表现主题的有力手段。落笔前,需先对主体周密观察,用心揣摩,研究如何突出主体,而客体又能积极配合,使之画面协调、美观。此为构思。构图的目的是更好地突出主体,且有更高的艺术美感。

确立骨架:构图是构建素描图骨架的重要环节,即所谓"立骨"。当构思完毕后,先以几根大线条圈定各地质体的轮廓及它们间的相互关系,突出主体,使布局得当有美感,所搭骨架紧凑、结实、比例恰当。这是构图的一大功能。

加强造型:固然远近法是造型的重要手段,但构图法也不亚于此。同一地景,不同人素描,其造型有别,此是司空见惯的。好的造型是不失真地给人以美的感受。最忌画面堵塞、松散、呆板、沉闷、冗杂等。

三、构图法则

1. 均衡法则

均衡是指画面中各部分处于平衡而欲动状态,且主次明确的构图原则。这恰如某体系的化学平衡,条件稍改变,就会发生物质移动。又如用杆秤称物,物大离支点近,砣小离支点远。这样主次、大小、远近、中心皆明确,处于欲稳不稳的状态,素描一块岩石标本,旁边配一小块岩石作陪衬。正是物与砣的关系。

法则:以图框中心为支点,主体近中心,客体稍远中心,且诸物体不共同一直线。均衡要求诸物在画面内安排得当,求得匀称,但非机械对称,机械对称是构图的一忌。当然,过分偏上、偏下、偏左、偏右都有损于图面效果。

意大利斜塔虽斜但重心未出支面,故仍然均衡。充分说明了素描图的重心应在框中心附近。

构图应是"险"与"稳"的结合,有"险"而无"稳"则失去平衡,有"稳"而不"险"则四平八稳。前者有不安感,后者无生动感。"稳"中有"险","险"中见"稳",方成佳图(图3-1)。

图 3-1　均衡构图实例(翻拍资料,2018)

2. 疏密法则

疏密是指图中诸物体集中与分散的程度。只疏而无密,画面分散;只密而无疏,画面拥挤。需有疏有密、有开有合。这恰如方盘上撒一把沙子,粒间有密有疏、有集有散,显得自然。素描丛林,若树干平均摆布,显然单调呆板。

法则:以主体为中心,相对集中;以客体为陪衬,相对疏散。但其间相互呼应。

古人论书画有言:"疏能走马,密不透风"。是说密要紧凑,疏要宽敞。最忌密度均匀。事实上,山、石、光、色的分布并不均匀,各种地质现象也是如此。

中国画很讲究空白,常以白代天,或代水,或代物之间距。素描中还常以代强受光面或白色岩石。这些处理,既可突出主体,又造成开朗舒展感。

"道是无情却有情"是从呼应中感知。诸物间的呼应,可给人们造成联想,尤其是地质现象间的联想。这对揭示主体,分析成生联系确能起到举足轻重的作用(图3-2)。

图 3-2　疏密构图实例(索思摄影,2018.8)

3. 变化法则

变化是指画面内诸物体种类有异,状态有异。只求划一,而无变化,使人乏味。正如浩瀚大海,平如镜,便觉得平淡无奇,若掀起冲天大浪,则有沧海可观。素描构造剖面,如果皆单斜层,无重要信息可提;如果褶皱、断裂皆发育,则可为构造分析提供有力证据。

法则:通过对比找差异,主要变化重点而详尽刻画,次要则一笔带过。

可知,在变化中寻构图,要求简繁得当、多样统一。多样,不千篇一律;统一,避免四分五裂。一片石林,并不都是"山栽万仞葱"的。它们千姿百态,诱人观止。因此,对其构图就要有取有舍,有明有暗,以不变求万变。

一个地区,或一个矿田的构造、岩体、矿化素描(平剖结合),用变化的花纹,表现不同的内容,颇有价值(图3-3)。

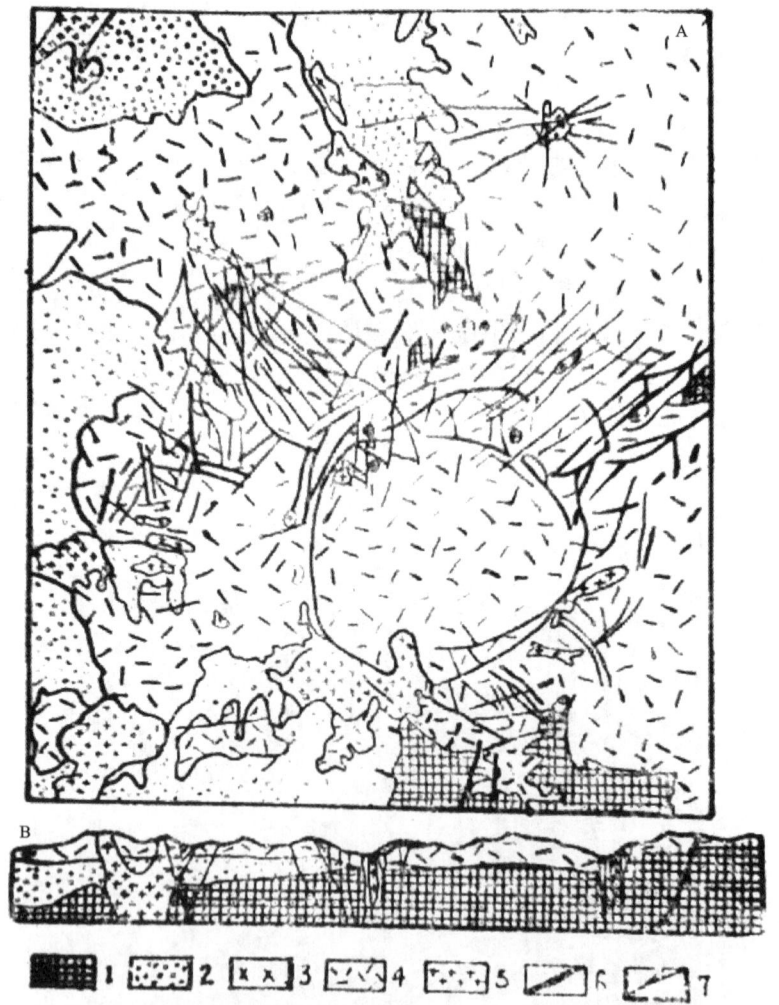

图3-3 变化构图实例:科罗拉多锡尔弗顿破火山口金银多金属矿田素描
(引自长春地质学院《矿床学》,1978)

A.地质示意图(平面);B.地质剖面图;1.前寒武纪岩石(沉积岩、侵入岩、变质岩);2.古生代和中生代沉积岩;3.古近纪侵入岩;4.古近纪火山岩;5.新近纪侵入岩;6.大断层,含矿化断层;7.小断层、大裂隙、岩墙和矿脉

第二节 地学素描基本图式

一、形态构图

以个体外形为对象,反映整体特征。包括直线型、折线型、曲线型、综合型。

1. 直线型构图

以两向延伸为主体的构图型式。有如下几类:

|||型:主线条以直立为主,也称竖线式。有高大挺拔、蓬勃向上、破雾穿刺的效果。例如石林、峭壁、土柱、高大林木等(图3-4、图3-5)。

═型:主体线条以水平为主,也称横线式,有沉稳平展之感。例,湖面、海面、草原、平原、浮云、页岩、水平岩层、剪节理等(图3-6)。

///型:主体线条以斜线为主,也称斜线式。有动势感、危险感。例如倾斜岩层、单面山、山坡、剪切岩片等(图3-6)。

十型:以两组直交直线为主体的构图法,也称十字架型构图。以某组为主,另一组起对比衬托作用。例如湖面衬托了湖滨树木及其倒影的优雅、横向浮云衬托出石林的高大等。

⊥:下横上竖的两组直线直交但未切穿的构图型式,也称倒"丁"形。有扎根于地,刺破青天之势。例如平原上石油钻塔、冶炼钢厂烟囱、瀚海中海蚀柱等。

丁:上横下竖的两组直线直交但未切穿的构图型式,也称"J"形。有铤而走险,摇摆欲堕之感。例如风蚀蘑菇。

×型:由两组直线斜交的构图式,也称交叉式。平面上交叉有平展稳定之感,例如远方交叉的铁轨、远方交叉的断层等;剖面上交叉有助于弄清产状、穿切关系等,例如交叉断层、节理、岩脉、矿脉等。

图 3-4 竖线式构图兼黑白对比实例
(索思摄影,2018.9)

图 3-5 以竖线为主的变化线条构图实例

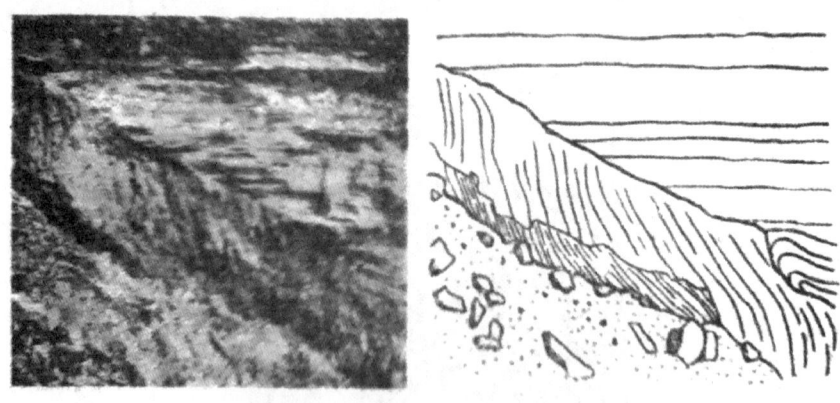

图 3-6 横线与斜线联合应用构图实例

(据北京地质学院《普通地质学》,1963)

2. 折线型构图

以折线为主体的构图型式(图 3-7),有如下几类:

A 型:上尖下宽的构图式,也称金字塔型、三角形式。有雄伟、稳定、高大、坚不可摧的形象。例如挺拔的山峰、高大的火山锥、尖削的冰川角峰、尖棱褶曲等。

静动对比:是在静与动的相对对比中求状态。可产生动中有静,静中有动的效果。例如平静大海中的白帆、不动山野中的溪水、平坦公路上奔驰的汽车、山坡上勘测的地质队员等。

图 3-7　折线构图地质素描实例

地貌地理地质素描

A.里海卡腊-博加兹-哥耳湾沿岸残余型桌状山；B.风化岩石素描；C.单面山素描

3. 曲线型构图

自然界及人文建筑不乏曲体形象，便需曲线构图（图 3-8）。层状岩石，尤其是沉积岩、板岩、区域变质岩的褶皱弯曲。

图 3-8　曲线构图实例（索思摄影，2018.9.7）

二、密度对比

密度对比指物体间的分布或简繁的对比。有如下几类：

疏密对比：各物体间的堆积密度对比，可使之结构清楚，主次分明。例如松散的沙子与致密的硅质岩间，蓬松的枝叶与坚韧的树干间，风化的花岗岩与突起的灰岩间，白云飘浮的天空与深沉的山峦间的对比等等（图3-9）。

简繁对比：主体详尽刻画，客体一笔带过的构图方法。可产生主次分明且突出主题的效果。例如详高山地质，简繁杂植被；详滨岸基岩，简海面波涛；详剖面上的褶断现象，简无变化的平行岩层等等。

图 3-9 疏密对比构图实例
近山详尽，远山概略；近山主体线条密，客体线条稀疏

三、黑白对比

黑白对比指诸物体间的色调及倾向对比。有如下几类：

黑白对比：为异体间或同体不同面间黑白程度的对比。可加强立体感及质量感。例如滨岸深调岩石与浅色海水对比，深色玄武岩与浅色流纹岩对比，深色冰川砾与浅色冰川的对比，深色山石与浅色积雪对比，深色火山群与浅色天空对比等（图3-10）。

主客对比：为主体与客体间的对比。可使主体更清楚，主题更明确，需对主体详画，客体简画。例如突兀于戈壁滩上的蘑菇石，作为客体的"戈壁"应概略表明。至于确定主体，需以有显著异常信息为标准。

图 3-10　黑龙江省查伊河右岸的无名火山航照素描(1∶25 000)
(引自北京地质学院《岩浆岩石学》,1962)

第三节　地学素描变换构图法

一、取景变换

"横看成岭侧成峰,远近高低各不同"。前句讲取景角度不同,其物像形态不同;后句讲取景距离不同,其效果有异。取景是构图的重要手段,是能否完满而艺术地表现主题的重要环节。

1. 角度变换

角度变换为视点位置选取问题。需先确定素描对象,而后沿横向走动,选取合适角度。以不歪曲地质现象且构图美观为宗旨。有如下几类:

正取:正面取景。可见正面全貌,有宽阔及庄重感。常用于陡壁(剖面)、谷底、古生物标本等素描。

半侧取:斜侧面取景。形式活泼、内容丰富,有深度感、立体感及层次感。常用于室内矿物、岩石、矿石、古生物等标本素描;更常用于野外山地、河流、植被、构造、地层、岩体、矿山等景观素描。

侧取:侧面取景。可见侧面全貌,有高大感。常用于各类标本、山峰、风蚀或海蚀地貌等。其图也称侧视图,正、侧结合,可全其貌。如古生物化石的正视图及侧视图。

仰取:上斜取景,显示高大挺拔,有登云有路之感。常用于崇山峻岭、嵯峨山峰、石林及各种风蚀地貌——风蚀墩、风蚀柱、风城等。

俯取:下斜取景。表现宽广远展,便于了解一个地区地质地貌总体特征。常用于表现海岸地貌、区域地形、风蚀地貌、谷底地貌等,也常用于平面地质素描——各种脉体的穿插关系及断层、节理等构造。

例如素描一岩针（柱），从不同侧面取景，效果不同（图 3-11）。

图 3-11　马提尼克岛蒙培雷熔岩峰（岩针）峰高 400m 以上
（引自北京地质学院《岩浆岩石学》，1966）
A 图系由南望；B 图系由东北望

再如，拍摄一堵长长的画墙，距离限制，正面取景拍不下，可改为半侧面取景，实际是由平行透视改为成角透视（图 3-12）。

图 3-12　变换角度取景实例
（索思摄影，2018.9.10）

2. 距离变换

此为确定视距问题。角度选好后,即需确定视点到物体的距离——视距。作如下推导:
假设,过视锥底直径及顶点(视点)的等边三角形边长(直径)为 h,该边的高(视轴)为 L(图 3-13),则:

$$\frac{h}{2}=L30°\tan30°$$

由 $\tan30°=\frac{\sqrt{3}}{3}$ 得:$L30°=\frac{\sqrt{3}}{2}h\approx0.866h$

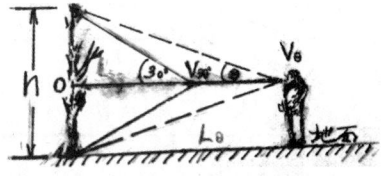

图 3-13　最佳素描物距的推导图

可知,①L 与 h 间为正比函数关系,即物体愈高或愈宽,视点则退得愈远。②$\frac{L}{h}=0.866$ 此为极限值,此时物高(或长)等于视圈直径。但因视网膜上黄斑中央凹处成象最清晰,而视圈周边之像较模糊。故实际取景需大于此值。依下列关系。

$$\frac{h}{2}=L\theta\tan\theta$$

得

$$L\theta=\theta\frac{1}{2\tan\theta}h$$

此处,物高(或长)h 为常量,则视距 L 依所张视角(视点到物端连线与视轴夹角)θ 而定。经验表明,$15°\leqslant\theta\leqslant25°$ 较适中,以中值 $20°$ 计得

$$L20°=1.374h$$

即物距为物高(或长)的 1.374 倍最佳。例如物高(或长)5m,则取景之物距需在 6.87m 附近。

野外素描,定距时常受地形限制。例如一边陡崖,一边深壑,要对陡崖素描,却后退无路,可采用仰视或散点透视法补救(图 3-14)。

图 3-14　透视构图(北京地质学院美工队《野外素描手册》,1954)

二、框式变换

框式变换指视圈中的图框(方形)的边长比例的变化。需以明确表现主题为宗旨,舍此,再美也不可取。若设图框边长分别为 a、b,现给出如下参数(表 3-1)。

表 3-1　框式分类

a∶b	>3∶2	3∶2	1∶1	2∶3	<2∶3
框式	手卷	横幅	方幅	竖幅	立轴

手卷:扁条形。适宜于表现两向延伸的大型场景,类似宽影幕。有平稳、广阔、无限、流动感。例如连绵山脉、山前断层(陡坎)、天然陡壁(剖面)、宽阔大海、无迹平原等。常用散点透视。

横幅:长宽适中的横置矩形。表现内容类手卷。是最常用的作图框式。用焦点透视。

方幅:正方形。有四平八稳、端庄、幽雅之特点。常用于地质特写,如某一地质露头,用焦点透视。

竖幅:长宽适中的竖置的矩形。有高耸、挺拔、重叠、注重之特点。常用于表现崇峰、高树、古塔等。用焦点透视。

立轴:竖条形。表现内容类竖幅。地平线放得很低。常用于表现峰峦叠石、瀑布高悬等。

三、透视变换

视平线是一幅透视图的准绳,各部分间的关系以视平线给予协调。

1. 视平线升降变换

视平线升降变换指视平线在垂向上的高低变化(图 3-15)。对造型效果有重要影响,有如下情况:

低视平线:视点低。视平线置于图框下方。表示高大而雄伟,可突出前景,消除后景干扰。特写某一巍峨山峰,用升视平线法可达预期目的(图 3-15)。

中视平线:视点适中,视平线置于图框中部。表示正常场面。为地质素描常用。

高视平线:视点高,视平线置于图框上方。表示宽广深远,可突出中景和后景。登高临下可达此构图目的(图 3-16)。

图 3-15　升高视平线面仰视取景实例

图 3-16　降低视平线面俯视取景实例
（索思摄影，2018.9）

2. 视平线转动变换

视平线转动变换指视平线水平方位的变化。对构图有重要作用，有如下情况。

视点水平移至异地（观察者走动）：即由此地移至他地，视同一物体，原视平线方位已变，其构图也跟着变。

视点原地水平位移（观察者原地转动）：视平线必然转动，随之，地质体的形态、结构也发生变化。例如，本来是成角透视可能变为平行透视了。

视平线方位改变，可使素描图充满活力（图 3-17）。

图 3-17　视平线取景图

3. 透视物像大小变换

透视物像大小变换指物体透视大小变化在构图上的应用。

物像大小变化取决于物距。如果被画物体较小,且又为主体,需将其置于他物之前,并缩短视距,以增大主体,削弱他物。

四、线向变换

指用线的方向改变对构图的作用。

构成物体的物质按一定方式排列,形成各种纹理。构图需按纹理用线。如流水线——自由漫延,表示流水;云纹线——轻盈飞动,表示浮云;放射线——一孔迸发,表示放射状矿物、矿脉、岩墙(图 3-18),以及田野等;上集线——直冲云霄,表高峰或摩天楼等。

线向给向导作用,在构图中应予以特别重视。

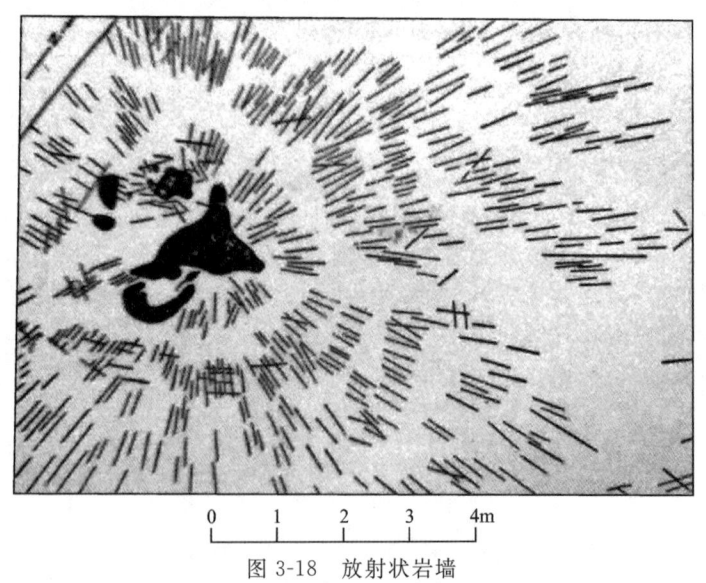

图 3-18　放射状岩墙

(据北京地质学院《岩浆岩岩石学》,1966)

第四章　应用技法理论

第一节　明暗技法

物体在光场中,各个面的明暗度不同。对物体的不同面用不同灰度加以表现,通过面间灰度对比,表现物体的立体效果,称为明暗素描技法。

中国水墨画(毛笔画)及西洋静物画(用硬锋笔)应用了明暗对比法。此法用于地质素描,有其独到之处,主要因为其表现的是地质体,包括点线、块面、明暗三部分(图 4-1)。

一、基础点线

1. 基本原理

点呈面状分布,且分布不均匀,则显示为不同程度的明暗;点呈线状分布,且方向多变,则显示为构成物体质点的定向分布形式。前者表现物体的体积感及质量感,后者表现物体的内在结构及外部轮廓。

线是点运动的轨迹,又是面运动的起点。

2. 点线类型

点线为点与线的联称。训练时可按面点组、线点组、兼点组、直线组、曲线组、折线组 6 类(表 4-1),分述如下,综合示意图见图 4-1。

表 4-1　点线分类简表

分类	横式	竖式	斜式	兼式
面点组	面状横点	面状竖点	面状斜点	面状圆点
线点组	线状横点	线状竖点	线状斜点	虚线点
兼点组	横兼点	竖兼点	斜兼点	异向点
直线组	横直线	竖直线	斜直线	网状线
曲线组	横曲线	竖曲线	斜曲线	流水线
折线组	横折线	竖折线	斜折线	棱峰线

面点组:点呈面状分布,或均匀,或不均匀。侧峰横落漫点称面状横点,纵落的点称面状竖点,斜落的点称面状斜点,而直峰漫点称面状圆点。落笔靠腕向及指力。

线点组:点呈线状分布。以横点成行的称线状横点,竖点成行则称线状竖点,斜点成行则称线状斜点,点线相连的点称虚线点。落笔要若即若离,虚实相间。

兼点组:各类点混杂分布,例如圆点与横点混杂。以横点为主的点称横兼点,以竖点为主

图 4-1 点线、块面、明暗综合示意图

的点称竖兼点,以斜点为主的点称斜兼点,均匀分布的点为异向点。

直线组:直线间平行,线间等距。落笔要轻重均匀,用偏峰,最忌线末端带回头钩。横者称横直等平线,竖者称竖直等竖线,斜者称斜直等斜线,异向交叉者称网状线。要腕力均匀,迅速果断。

曲线组:曲线间平行,线间等距,轻重均匀,用偏峰,线末端最忌带回头钩。按线向也有横、竖、斜之分,而柔软流畅者称流水线。要指腕灵活,线弯自然。

折线组:线间平等,线距均匀,用偏峰。线向有横、竖、斜之分。画折线需适当加大指力与腕力,折点处注意瞬息停顿。

上述基本点线的练习要充分运用轻、重、缓、急、抑、扬、顿、挫、直、偏、正、斜等运笔技巧。

3. 点线功能

点线功能指点线的作用,具体说明如下。

勾画轮廓反映平面型或立体型地质体外形特征的边线称轮廓线。素描时,先用几根直线勾出大轮廓,以确定各部分的相对位置和相对比例;再在刻画局部过程中,用变化的线对局部不断修正,使之愈来愈接近实际。画家们强调的"以直线画曲线",在大轮廓的控制中尤为重要。不同形态,明暗的表现分述如下。

可以构不同形态的面:直线构平面,曲线构曲面,折线构面;而对于不同凹凸的面,则需以不同方向及不同类型的线"因势利导"地加以表现。图4-2中A、B为一组直线构面实例。其中,等斜线构成斜面,等竖线构成垂面,而凹凸部分则用变化的轮廓线加以控制,逼真而不拘泥。图4-2中C、D为一组曲线构面实例。其中,C幅用曲线在水平方向上画出了曲面,在垂直方向上刻画了褶曲的形态及构造机;D幅用弧线勾画了弧面及球面,多用于表现胶体结核、球形风化、砾石状态等。图4-2中E、F为一组折线构面实例。其中,E幅表现了山脊及坡面,在对折线的应用上有较大的灵活性,例如用线断续相结合,一边疏一边密等;F幅用折线表现了棱角显著的岩块,折角处尖利而明快,加强了物体的质感及形象性。

表不同明暗的面:线疏则明,线密则暗,在同一光场中,因物体各面受光强度不同,而出现了明暗不同的面。在素描中,这些面的灰度全靠不同密集的点或线体现出来。在用点线表现明暗的同时,还应兼顾到物体的属性及质量感。一般来说,砂岩、沙滩或风化岩体的背光面用密集的点,板岩、片岩及各类沉积岩构成的山,用密集的线。

表不同物性:由于构成物体的物质属性不同,物体的刚柔、软硬、疏密则不同,质量感也不同。如砂岩具粗糙感,硅质岩具光滑感等。这些不同性质及特点需用不同粗细、虚实、刚柔、软硬、疏密的点或线来表现。一般说,大理石、灰岩、硅质岩、石英岩等用刚性线,如硬折线;页岩、片岩、千枚岩等用柔性线,如横曲线,而砂岩、岩体风化面、沙滩等用点及点线表现。

表空间感:远、中、近三景可借助于线条的粗、细、浓、淡来表现。一般情况,线条近粗远细,清晰度近实远虚,色调近浓远淡。在具体应用上,线粗而实,表近景色深物体;线粗而虚,表近景色淡物体;线细而实,表远景色深物体;线细而虚,表远景色淡物体,如图4-2,A较好地表现了近景与远景的层次关系,近处清晰,远处朦胧。

4. 点线表现

点线表现是关于不同工具的明暗素描技法问题。明暗技法主要着眼于块面结构关系和阴暗对比关系。它又分硬笔明暗素描、韧笔明暗素描、软笔明暗素描。

硬笔明暗素描包括用铅笔、钢笔、炭笔的素描。该种素描为硬锋笔落点,运线无明显粗细变化,主要以轮廓凹凸及点线密度对比表现明暗关系及立体感的。该种素描要"形以力为质",运笔要快慢、轻重、正侧、抑扬、张弛皆施之,方不至将明暗素描画成笔触柔弱的画像。重要的是用笔要与地质形体纹理一致,以表现地质特征。例如对辉锑矿的晶面纵纹、山脊冲沟等的用线应顺纹成图。因此,地质素描应用网状线时要特别慎重。

韧笔明暗素描包括用油画笔、竹笔、油画刷的素描。运用单色造型,一般以非鲜艳的赭石为基色,有下列关系:

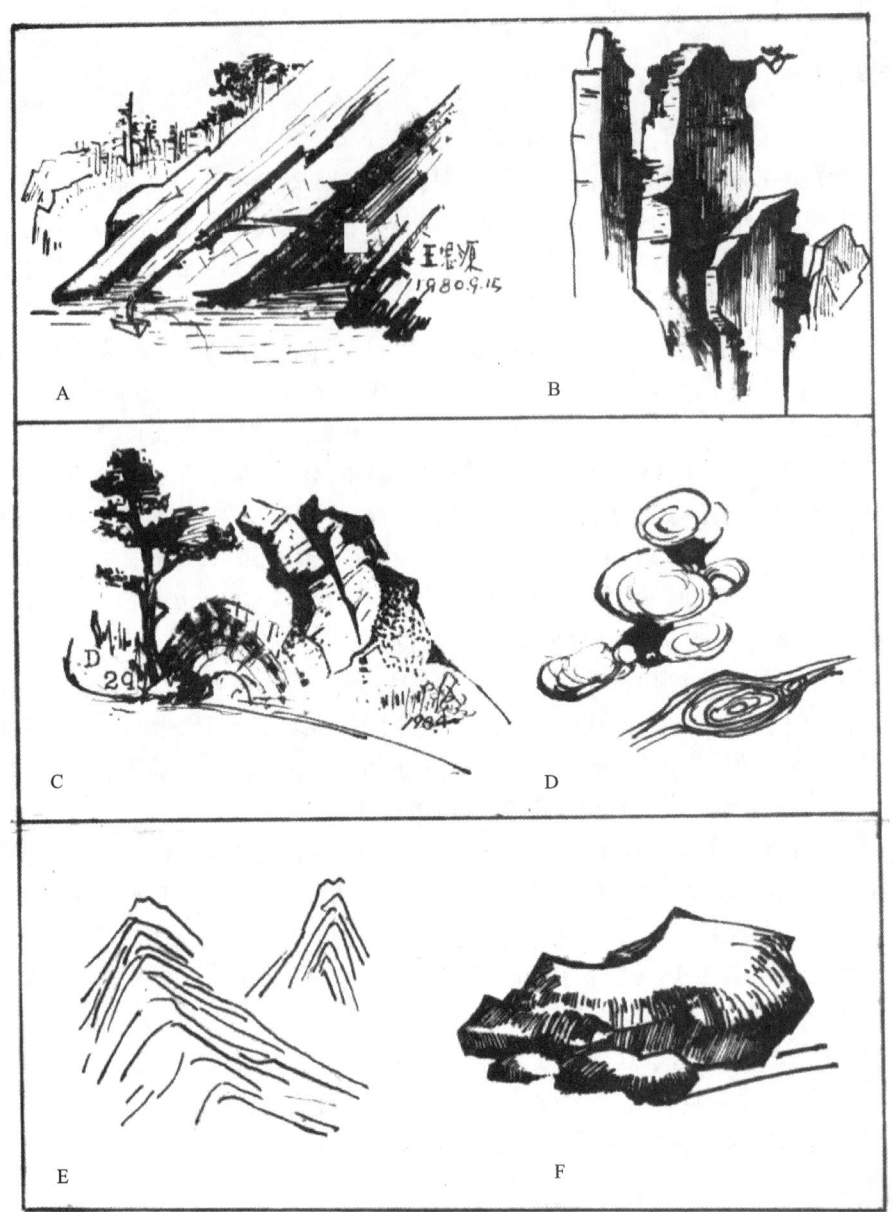

图 4-2 点线应用实例

$$黄＋红＋蓝＝赭$$

因而,赭加蓝则得深赭,加黄得淡赭,以此控制明暗层次。落笔时,首先由暗部到明部地铺大色调,然后由固有色→亮部→高光层层加淡。笔触结构和方向符合地质体特点,与体面转折完全吻合,此法适用于大、中型素描,供展览、悬挂使用。

软笔明暗素描指毛笔素描。运用水墨造型,一般以灰为基色,有下列关系:

$$水＋墨＝灰$$

可知,灰加墨则色深,灰加水则色浅。香港著名画家陈福善曾论:"一个艺术家能够在水墨方面'没骨法'的水墨做到潇洒自如,已经达到素描技法的最高峰了"。"没骨"是通过明暗对比立骨的。以"渲染"为主,其中包括用于局部的分染,用于整体的罩染,用于外围空间的烘染。地质素描要求在渲染的基础上以淡干墨画出地质现象,例如褶曲,以达形、色皆妙。

运用线条关系用笔,用笔必须大胆果断,轻重缓急皆做到自然,线条宜大胆流畅,最忌畏缩呆板。清代《芥子园画谱》中论述过用笔的"三病",宋郭若虚曰:"三病,皆系用笔。一曰板,板者,腕弱笔痴,全亏取与,物状平褊,不能圆浑。二曰刻,刻者,运笔中疑,心手相戾,勾画之际,妄生圭角。三曰结,结者,欲行不行,当散不散,似物凝碍,不能流畅。"尖锐地指出了"板、刻、结"为用笔上的三大弊病。

二、基本块面

1. 基本原理

面围成体,规则面构规则体,不规则面构不规则体。前者如黄铁矿晶体,后者如破碎的玄武岩岩块。但不规则的总接近于某一规则的,并且可分割成若干个小的较规则的几何体。因此,可按下列法则作图:①用"规则几何体"的透视图控制总轮廓。②用"分割控制法"对局部块面进行刻画。

2. 块面类型

块面为面与块的联称。总分为面与块两部分,再分为三角面组、多角面组、圆面组、柱体组、锥体组、球体组(表 4-2)。分述如下:

表 4-2 块面分类简表

分类	形式	斜式	准式
三角面组	正三角面	斜三角面	准三角面
多角面组	正多角面	斜多角面	准多角面
圆面组	正圆面	椭圆面	准圆面
柱体组	正柱体	斜柱体	准柱体
锥体组	正锥体	斜锥体	准锥体
球体组	正球体	斜球体	准球体

三角面组:即三角形面,广泛存在于矿物、岩石、构造、地形中。例如断层三角面、冲积扇等,它们多为准三角形。

多用面组:即多边形面,较常见。例如石榴子石晶面、岩石标本等。

圆面组:为规则及不规则(准)圆的总称。它们在古生物的素描中常用。例如椭圆形的扬子贝。

柱体组:是方形面围成的体,有圆柱及棱柱之分。例如多类柱状矿物及柱状地质体。

锥体组:扇形围成圆锥体,而若干三角形围成棱锥体。例如各类锥状矿物及大量山峰等。

球体组:为规则不规则(准)球体的总称。例如鲕粒、卵石、球形风化体等。

对上述简单几何形的素描应徒手练习,方能达逼真而不谬,以适应于复杂地质体的表现。

3. 块面功能

一个立方体,从某一棱角看去,只显 3 个面,其素描图有强立体感;若从某一正面看去,只显一个面,则无立体感。素描时应尽力找到 3 个面。但野外地质素描常见两个面(图 4-3-C);更需借助透视关系才能充分体现其立体感。

控制轮廓:进行一级、二级分割,并用简练线条勾画,事实上就是一幅"速写"轮廓,它为素描打下了基础。英国作家沙路威在《速写与素描》中谈到:"在一幅速写的过程中,假如你在处理各景物采用三分形似的笔触去完成的话,这样各部分的总和便会同样地达到十足的数字了"。这表明素描开始先抓"大体",达"三分形似"即可,如图 4-3-A 的单面山表现。

表物质属性:不同性质的物体,软硬、轻重、粗腻、糙滑程度不同,受地质作用后,更会表现出迥异的外部特征。这就需借助于不同特点的块面加以表现。荆浩在《笔记法》中论述过"不知术",只能得"形",不能得"气",而以形写神,则可形气具得的道理。说明外形的刻画不应脱离内在本质。一般说,脆性岩石形成的地貌峭拔陡立,参差不齐,常见于石灰岩及硅质岩区(图 4-3-C);塑性岩石形成的地貌圆滑平缓,崎岖不平,常见于黏土岩及花岗岩区(图 4-3-D)。

4. 块面表现

块面表现是关于块面对比的明暗素描技法问题,分述如下。

近似对比法:以概略线条勾勒形体的相对轮廓、相对大小、相对位置,即控形、控比、控位。

分割对比法:分每一形体为几个具体部分,对每一部分进行规则几何体的近似。分割,是以被近似的规则几何体为准。

局部对比法:将分割部分与实际对照,按实际凹凸、向背,刻画入深,使之逐渐逼近真实地质体。

层次对比法:画面中各形体间按透视关系表现近、中、远的空间感。同一形体按透视及明暗关系表现立体感。同一形体同一面以线条曲折、转接及疏密度表现起伏感。

图 4-3F 为某花岗岩体球形风化,总体呈四棱柱,可再分为 3 个立方体,最后一点点出了变化的轮廓及地质内容。

构块是立像的关键。明暗造型需特别注意:①切勿先在一点一滴上下功夫,需从大处入手;②最忌有清晰的边界线,边界线应融于内容的表现上。

四、理论明暗

1. 基本原理

所有地质体都能不同程度地吸收、反射光谱,同一地质体的不同部位吸收与反射光谱的能力不同。就是说,地质体表面分布着不同的光强,因而各部分明暗程度,表现出深浅不同的色调。

2. 明暗类型

将一个受光物体进行明暗归纳,可分为 3 个基本色面和 5 个基本调子(表 4-3),分述如下。

图 4-3 块面应用实例

表 4-3 阴暗分类简表

基本色面	受光面	中间面	背光面
基本色调	亮 调	中间调	暗 调
	高 光		反 光

基本色面：总体呈某一灰度的面。正对光源的面，为受光面，也称亮面；背对光源的面，为

背光面,也称暗面;介于两者间的侧面,为中间面,也称过渡面。如图 4-4-A 中,a 为受光面;b 为背光面,c 为中间面。

基本色调:指色面的受光程度。受光面中有大面积的亮调,突起高点的高光(调);背光面中有大面积的暗调,远离亮面部位的反光(调);中间面中为大面积的灰调。

上述"三大色面五大调子"即经典的"三面五调"。其中,"五调"尚有另一种分法,是去掉背光面中的"反"光而加入"明暗交界线"。后者指暗面与明面交接部位的暗面一侧的狭窄地带,此带在整幅图中最暗。

"三面五调"理论建立在视域中只见 3 个面的棱状物体的研究上。但实际问题要复杂很多,因为许多物体可见若干面或者仅圆滑的一面。前者如五角十二面体的石榴子石晶体,是多面多调的;后者如球体,其调是渐变的。

于是,"亮面""亮调"等概念均具模糊性。实际应用时,需从对比中找色调差距。

3. 明暗功能

明暗功能指明暗的作用。

表不同受光强度:一般说,受光面光亮,则色为灰白—白;背光面光暗,则色为黑—深灰;中间色光弱,则色为灰—浅灰。

表不同固有色:各种各样颜色的地质体在黑白素描中皆以灰度表现。一般说,以灰—白表现大理岩、石英砂岩等浅色地质体;以灰—深灰表现灰岩、硅质岩等灰色地质体;以深灰—黑表现炭质页岩、煤等黑色地质体。图 4-4-C 灰白色石英砂岩与岩质页岩互层的岩石标本素描,说明了不同固有色的素描表现。一般用偏峰,求得线间的衔接和连贯。

增强立体感:明暗相较,其形昭然。一般是背光面用线粗而密,并赋予轻重虚实的变化,以增强反光效果;中间面用线疏而清淡,多以偏峰,使线间衔接而关联;受光面用线轻而淡或完全空白,但对该面上的裂隙及凹凸常需略加几笔,以加强形象性及地质内容的表现。有时甚至将一个面全涂黑,而另一个面全空白,以表示对比强烈(图 4-4-B)。

增强质量感:以色调的深浅变化表现地质体的质与量是重要的方法之一。色调深给人密度大而重的感觉,色调浅则表现了密度小而轻的质量感。为达此效果,需将点线、明暗、质量三者融为一体。如一块石英脉型钨矿石标本,重的黑钨矿用深调,相对轻的石英用浅调。

4. 明暗表现

明暗表现是关于光对明暗素描技法的作用问题,分述如下。

光源的确定:用假设光源,自然光仅做参考光源。是因为:①光场中某些地质体表面的阴暗极其复杂,不可能也不必要全部如实表现;②影随光移,如果需素描一幅精品,需时则长,影则移。于是,假设光源成为重要。方法:首先确定光源方位,可有正面光、半侧面光、侧面光、顶光、底光等,以半侧面光最佳;然后分析受光面、背光面、中间面等。

受光度的确定:在地质体中,一般说,块面很多,各个块面的角度有所不同,这样受光程度有较大差别。这只能由把握住大块面与光源的关系加以解决,同时舍掉大量的小块面,事实上按比例也无法上图的那些,例如小陡坎,将各个面按方位分组,然后确定各组面与光源的向背关系。这样同方位、同物质、同光源的面所受光的程度应大体相当,则它们的色调也应大体相同(图 4-4-A)。

图 4-4　明暗应用实例

抓明暗交界线：明与暗是相对而言的。因此，明面与暗面间、明面与中间面间、中间面与暗面间皆存在明暗交界线，且皆位于较暗面一侧。经典的或狭义的明暗交界线仅指明暗与暗面间的最暗的那条。素描时，抓住明暗交界线是区分各类色面驾驭复杂的明暗变化的关键（图 4-4-B）。

均变色面技法：色调均匀变化的面，一般采用线条密集交叉，逐层叠加，突出层次，显示质量感。此法用铅笔及碳精条极易表现，钢笔则较难。在西方静物、风景、人体素描中普遍被应用，但由于线条的交叉，往往不利于某些地质现象的表现，如具纵纹的柱状矿物、平行节理及沉积层理等；线条交叉，易造成纹理混乱。因此，在地质素描中较少应用。

突变色面技法：对色调跳跃较大的面，采用密度不同的线，按形体的结构用笔，可现象表现清楚，体积感强。各种硬峰笔都可用，尤其用钢笔蘸墨进行成图加工，以至复制、制版来得方便、经济、实用。例如图 4-4-D 中山的表现。

同一幅素描，明暗色面必须协调统一，如果该明反暗，该暗反明，势必造成色调混乱，违反一般自然规律，结果事与愿违，不能达到正确造型的目的。

第二节　线描技法

线描技法是按形体结构的边线及内部弯折起伏的部位，以精确而简练的线条描绘形象；不重光的作用，而重客观形体的内在结构及精神状态。

一、用笔

1. 基本原理

西画强调，因光照射，物生明暗，则体积现。然而体积系客观存在，并非因光而生。体积感依赖空间透视及大脑联想。试想，心点位于某座楼墙中心，不见厚度，但能感知楼房的体积，显然是由墙缘轮廓及墙内窗户等使之联想的。所以线描并不以明暗为重，而是按物的本来结构用线，以达形、韵皆通。

单线白描是以线立骨，兼以皴、点表现空间感及质量感；它用线不只是简单地表现形体的外部轮廓，而是更深入地表现形体的内部结构、空间关系的立体形象；也借助于线条的变化，表现形体的质与量间的辩证统一关系。

2. 传统描法

明代邹德中《绘事指蒙》载有十八描，是据历代名家之笔迹特点概括的程式，概为形象命名；现加补兰叶描、韭叶描，计二十描（表 4-4）。

表 4-4　描法分类简表

种类	分类	特点
铁线描类	铁线描、高古游丝描、行云流水描、琴弦描	无粗细变化
兰叶描类	蚂蟥描、蚯蚓描、橄榄描、枣核描、曹衣描、混描、柳叶描、竹叶描、兰叶描、韭叶描、战笔水纹描	有粗细变化
减笔描类	减笔描、折芦描、撅头描、枯柴描	快速简化

上述线法在笔力练习中仍可借鉴，并且某些笔法可应用于地质素描。例如行云流水描表示云、水，枯柴描表示植被，钉头鼠尾描表示断层擦痕等。应用上类，并非照搬，而是参考古人，结合实际，以求创新。

传统线描用毛笔勾线。因笔锋较软，运笔时，顿、挫、提、按的程度不同，就会灵敏地出现线条的畅、滞、粗、细的变化；因执笔的正、偏及运笔的顺、逆、快、慢不同，就会有效地出现虚、实、刚、柔的差别。当然，现今工具革新，硬锋笔也可用于传统线描。

二、构象

1. 构象过程

线描造型要求意在笔先。先对形体认真观察、详细揣摸,在脑中建立一套完整的形象;然后从整体到局部,对块体边界、转折部位、裂隙凹陷进行勾描。要求迅速而不凝滞,流畅而不呆板,落笔成真,一气呵成。

2. 构象准则

软笔线描法在地质素描中多用于景观素描。需把握:①远则取其势,近则取其质;②造型生动而自然;③线条流畅而不滞;④不虚构;⑤可兼以皴点等法。

硬笔线描法线条流畅、刚韧、锐利。在平面型、立体型地质素描中颇为得力。需把握:①面体相生,面中见体,体中有面;②以准确表达地质关系为宗旨;③线不虚发,皆有意义;④避免平、散、乱;⑤可兼以形象性的岩性花纹,借以表现主题。

3. 地质表现

在各类地质素描中,线描法大有用武之地,表现风化作用、流水作用、海洋作用、冰川作用等,皆可达形质并茂。

在平面型(平面、剖面)地质露头素描中,线描法不可少,例如表现褶曲、断层、岩脉、矿脉等。要求准确、庄重、美观,一般用硬锋笔(图4-5)。

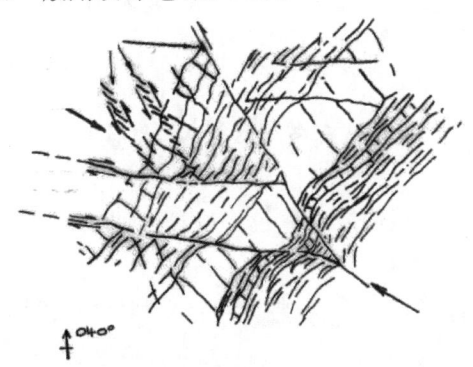

图4-5 线描技法实例
上图:平面素描;下图:剖面素描

这种素描基本上无虚发线,每根线都有一定意义!常在整体素描中加局部方法的特写(图 4-6)。

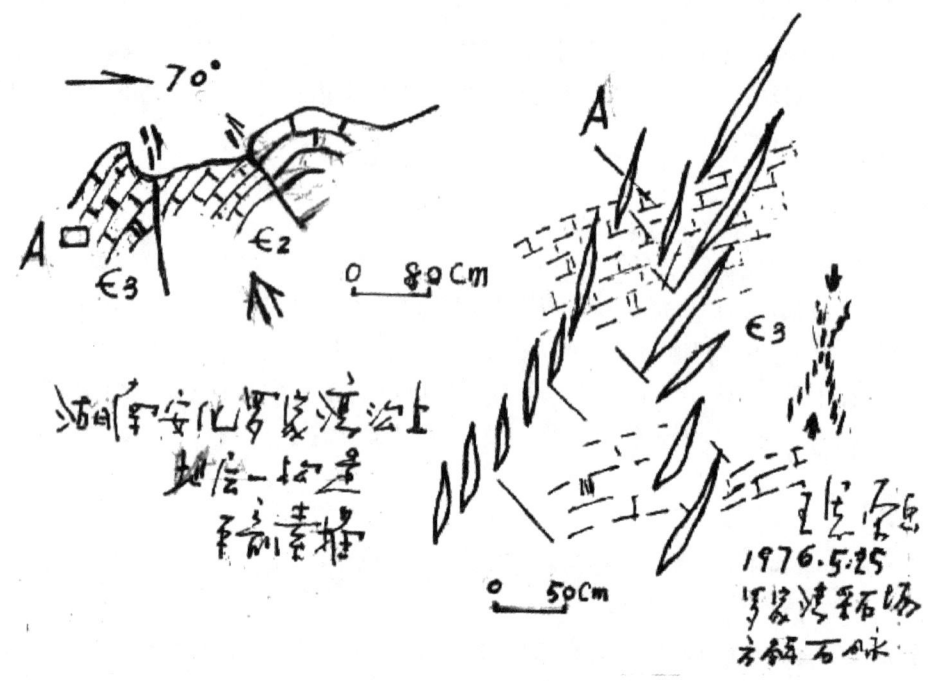

图 4-6　火炬形扭张节理系充填为方解石脉
A 表示局部特写;双箭头对压的 X 图示应力分析

第三节　勾皴技法

先勾形体轮廓(勾勒),再以淡墨或淡着色将纹理及明暗侧锋擦(皴)出的技法,勾与皴不可分割(图 4-7)。

勾皴法为中国画所特有,尤长于画山、画水、画石、画树,是表现地质地貌的得力技法。

一、用笔

1. 基本原理

皮肤冻裂谓之"皴"。山裂、石裂、树皮裂,比比皆是。裂则有影,有影则暗,暗需以线表之,是为皴;皴寄于体,体以形现,形需以线表之,是为勾。勾皴两者相辅相成,辩证统一。

勾皴加点垛,表现自然,可达生气勃勃(图 4-8)。

2. 传统皴法

中华画卷用皴处颇多,有皴树皮的鳞皴、绳皴等;表山石的披麻皴、斧劈皴等。清代王概《芥子园画谱》载有十六皴,是从历史名家山水技法中概括出来的,皆为形象命名。本书广采之,择其中部分图画以供披览。

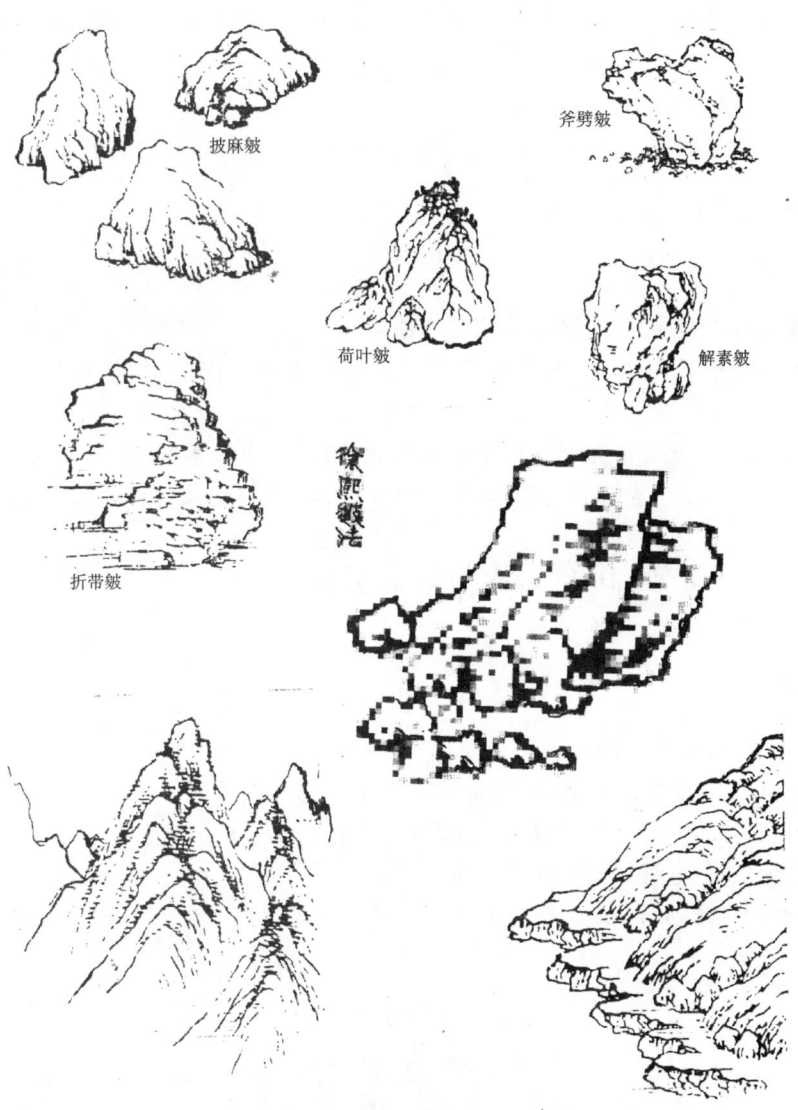

图 4-7　勾皴点染笔法图例
（剪辑[清]《芥子园画谱》）

图 4-8　勾皴画法实例
（饮水素描，1972.5）

披麻皴类:长披麻皴,用中锋,顺笔,圆而无圭角。短披麻皴,用中锋,顺笔,圆而稍曲,短而遒劲。乱麻皴,用笔与长披麻皴同,如草书,乱中有律。乱柴皴,用逆锋,自下而上,先轻后重,劲似枯柴,乱而有序。荷叶皴,用中锋,顺笔,先重后轻,形似荷叶之筋络,一纲提携。解索皴,似长麻皴,但弯连若解索,断线侧现而气不断。

斧劈皴类:大斧劈皴,用笔苍劲,顺笔,线头方尾尖,似长钉,所配山、石轮廓方中。

二、构象

1. 构象过程

(1)从观察总体概貌入手,选取并确定素描主体与客体。考虑整体布局,远近关系。

(2)观察分析地质内容、结构构造关系。其包括相对时代、地质体相互穿插,理出先后顺序。

(3)远观近瞧,在稿纸上用铅笔以单线勾画大轮廓,控制整体布局。

(4)进而描画细部。总体由整体向局部向细部,再回到整体协调与修改,是如此的反复过程。

(5)表明地质内容,例如地层、构造、岩体、岩性等。

(6)标明各种条款。

2. 构象准则

(1)整体布局合乎大致的透视关系。

(2)形象符合真实观察,以此为基础,进行艺术表达与加工。

(3)突出主体,将主体放在中前方,略偏左或右。

(4)述清地质构造关系(此条须十分强调)。

(5)回到室内用墨水笔,或毛笔,也可多种笔类互用,进行"勾皴点染"的艺术加工(图4-9)。

图4-9 勾皴点染综合技法实例

3. 地质表现

(1)从地貌看,常有大面积的植被(尤其是南方)、第四系黄土覆盖或局部覆盖。这需要先于远处画出总体概貌,反映整体构造格局,作为地质背景。

(2)对于局部露头可用"特写"方法予以表现,并在景观图上标明特写地点。

(3)适当采用有关岩性符号,表现各种岩性。对于地层应有地层时代(系、群、组)的代号(图 4-10)。

图 4-10　地质景观素描例图(唐山赵各庄铝土山地质关系景观素描)

O_2m.中奥陶统马家沟组石灰岩岩溶地貌;C_2b.中石炭统本溪组铝土矿,与马家沟组呈假整合关系

第四节　地学素描程序

一、一般步骤

地学素描一般步骤为(图 4-11):

(1)总体概貌;

(2)具体质地;

(3)构造形式。

图 4-11　地貌素描图的画法步骤实例(据 H. И 尼古拉耶夫,1953)

二、具体操作方法

从整体到局部素描:①先勾大轮廓,处理好远近关系;②画次级勾勒线条,加强立体感;③细部刻画,增进具体内容(图 4-12)。

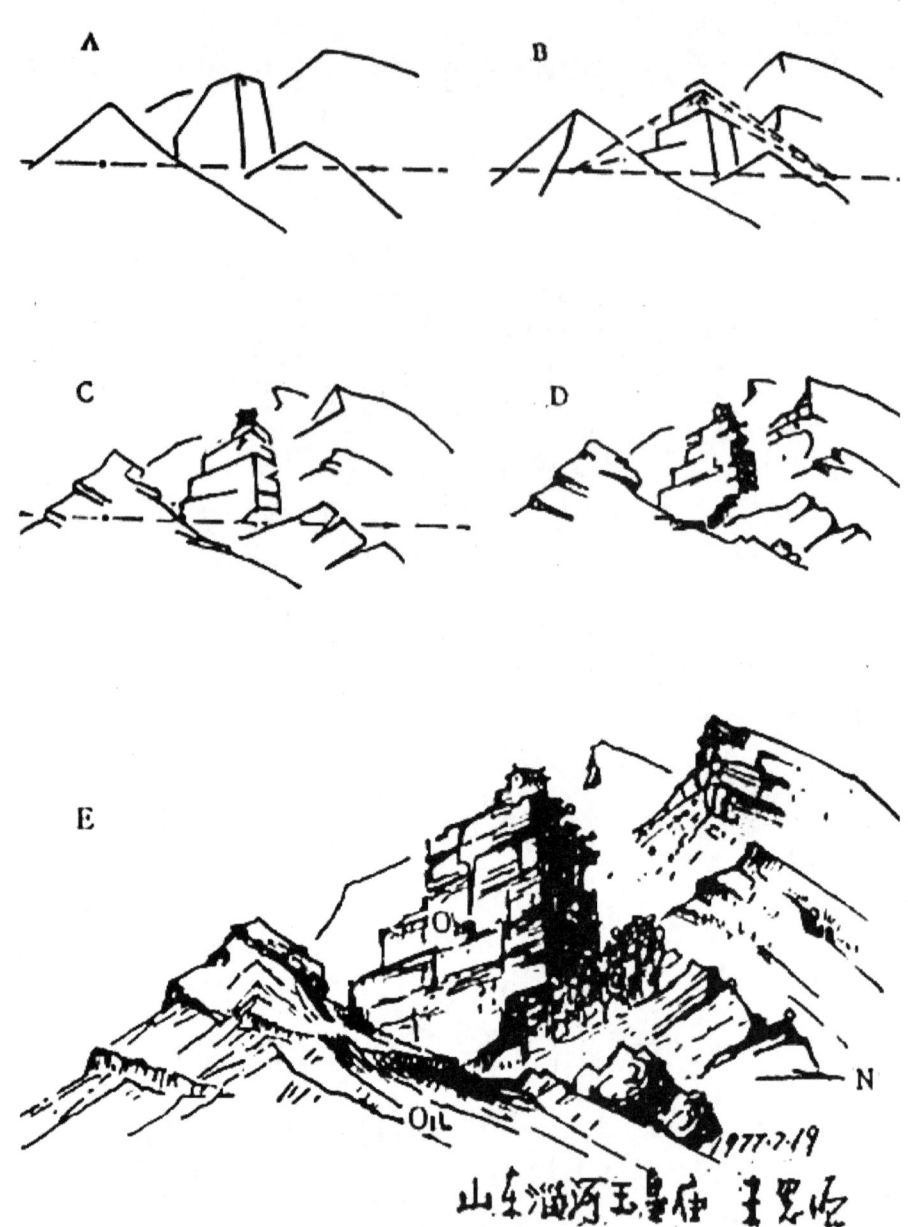

图 4-12 构造景观素描图的画法步骤实例

第五章 地球物理素描

第一节 地球力学形迹素描

地球力学形迹素描主要指全球性及大区域上的构造形态素描,借以表述可能发生的构造运动及力学作用方式,为"地区动力学"研究提供依据。

一、卫星相片形迹素描

自从1972年地球资源技术卫星诞生以来,其大大加速了环球资源信息的调查与积累,卫星覆盖了全球,无一遗漏(图5-1)。

地球资源卫星居高临下地环绕地球旋转,拍摄了无数张相片以及扫描了无数磁带。对这些图像的主要信息提取,需要识别,尤其是构造图像清晰,例桂北宜山山字型卫星相片(图5-2)。

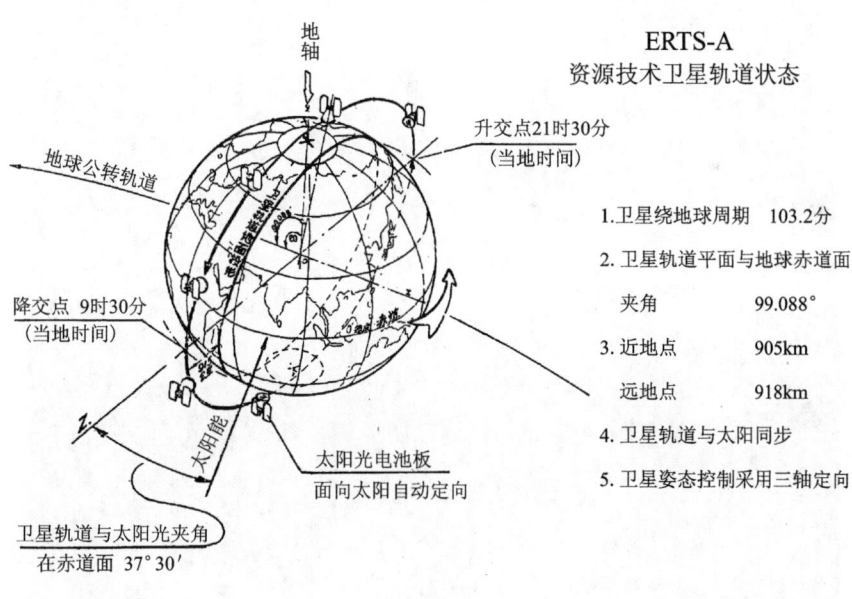

图5-1 地球资源卫星与地球运动的关系
(据北京大学地理系,1978)

图 5-2 人造陆地资源地球卫星所摄照片
上图:桂北宜山"山"字形卫星相片;下图:地球卫星相片

对于明显的图像信息,需要重点素描。主要为勾勒法、点丑法、线描法,或相互结合应用(图 5-3、图 5-4)

图 5-3 粤北山字型卫星遥感相片素描
(点丑法)

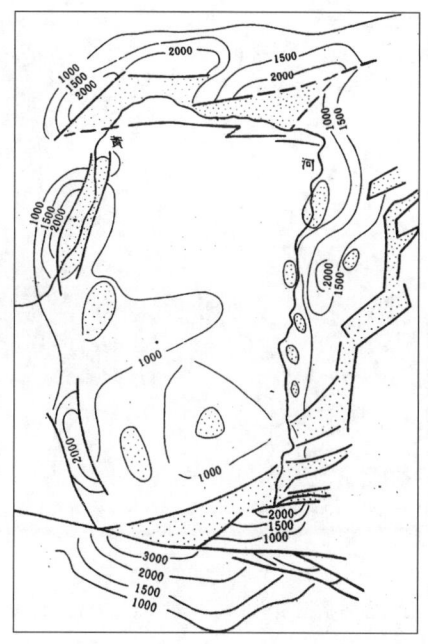

图 5-4 黄土高原面状倾斜隆起等值线示上新世以来的地壳隆起量(m),
点群符号示断陷和坳陷(线描法)

二、航空相片形迹素描

在飞机上用航摄仪对地面重点地段摄影,例某矿庄,所做的重点信息素描(图5-5)。

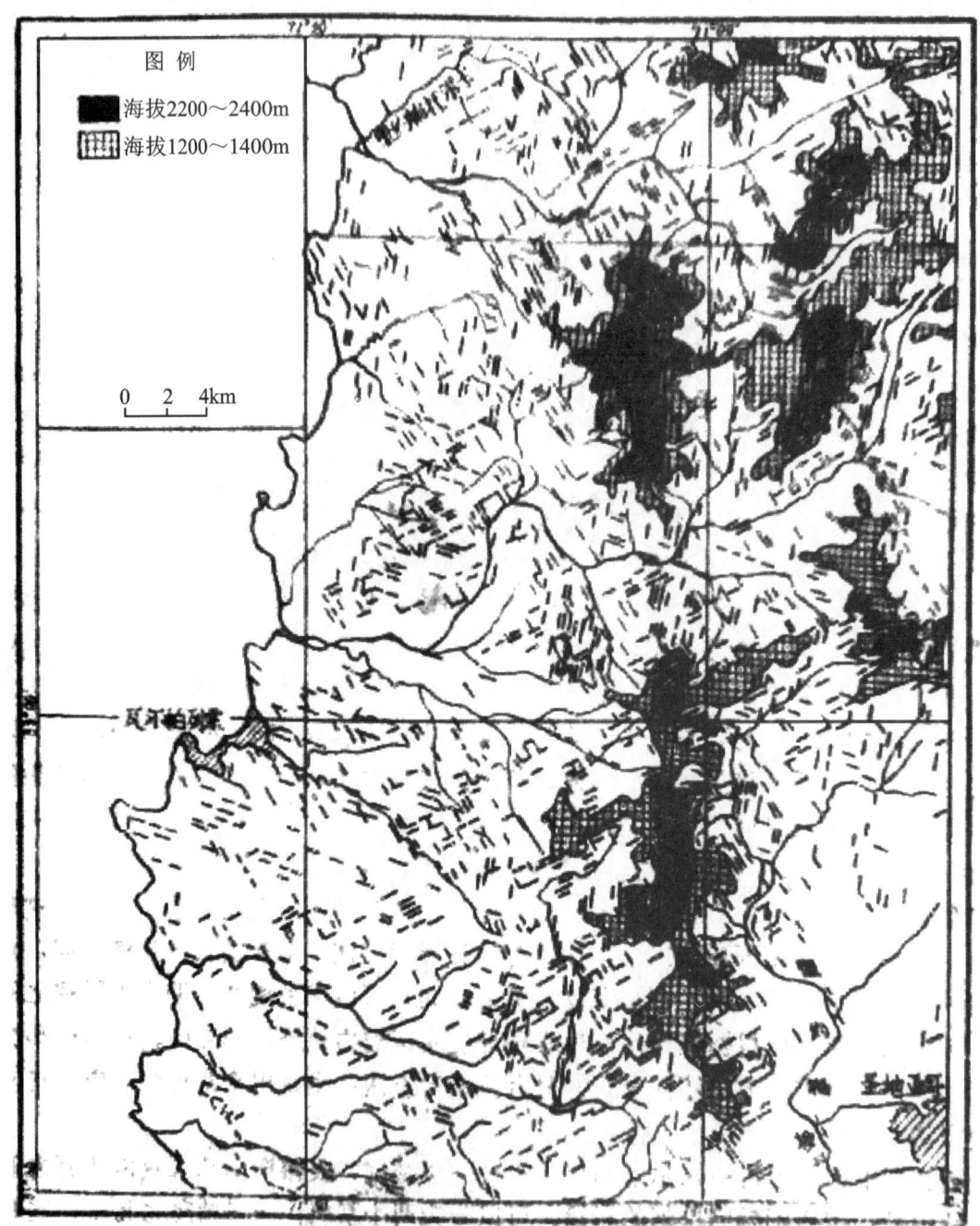

图 5-5 智利中部的网状构造

(此图是黑金伯尔格根据魏伯尔航空摄影素描,高度1400~2200m)

第二节　地震物理素描

地球板块间的碰撞，产生震动，称地震。

一、地球结构及自动力

地球自内而外的地核（内、外）、地幔（下、上）、地壳（下、上）、外圈（冰、气、生物）。其中，地壳分上部硅铝层及下部硅镁层。上地幔三分为顶部超基性岩层，中部软流层、下部超厚的超基性岩(?)。学术上将软流圈以上的地壳加上地幔顶层合称"岩石圈"（图5-6）。地球以1600km/h的线速度自转。由此，产生了惯性离心力。该力导致地表每一质点间的不均匀运动（图5-7）。

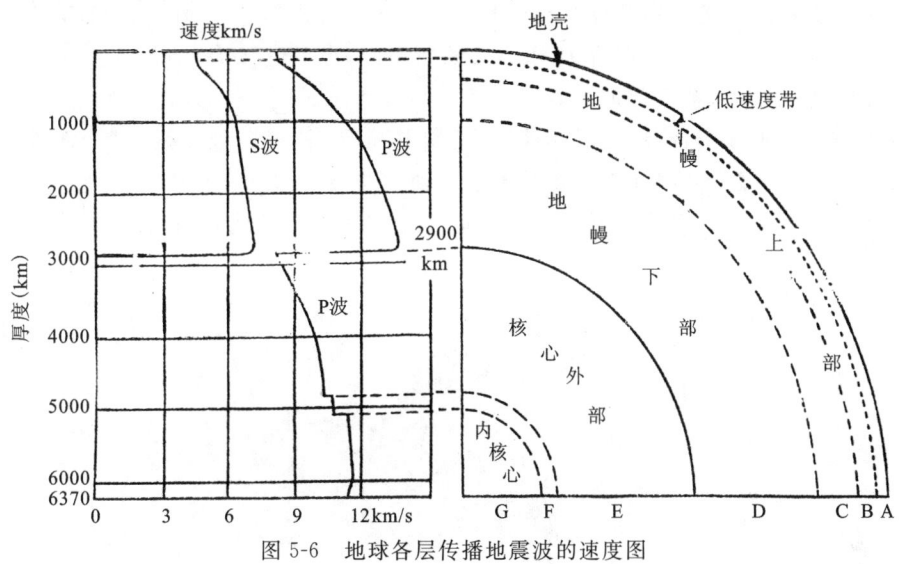

图5-6　地球各层传播地震波的速度图

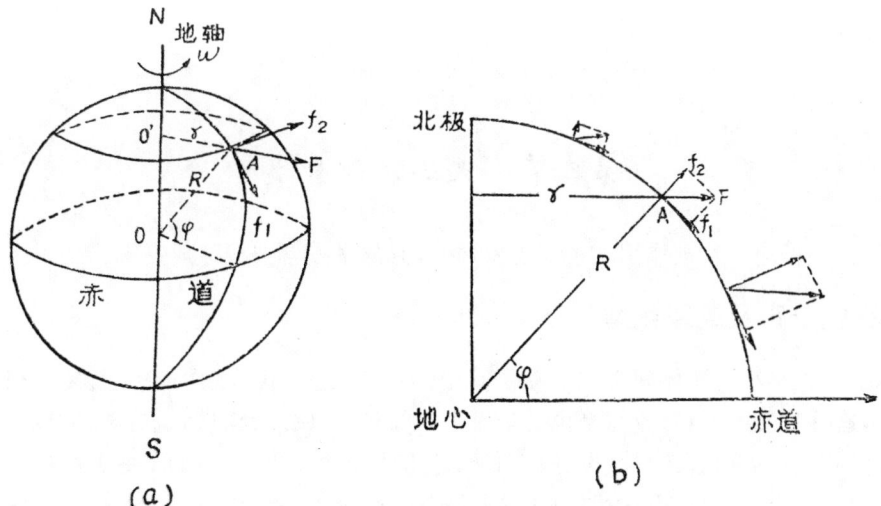

图5-7　地球自转惯性离心力图解

$$F = m\gamma\omega^2$$

γ. 质点A到地球自转轴的距离；m. A点质量；ω. 地球自转角速度；F. 地球惯性离心力；f_1. 离心力F分解的切向分力（平行地表）；f_2. 离心力F分解的垂直分力（垂直地表）。切割岩石圈而通达上地幔软流圈（低速层）的深断裂，以及切割地壳达莫霍面的壳断裂，将地球破碎不堪！地球也正是通过这些深大断裂不断释放能量，引起地壳震动。

二、地震分布及成因

全球每年约发生500万次地震，其中有感地震约5万次，7级以上造成严重破坏的地震每年约20次。按震源深度分为：浅源地震，深度0~70km，占总震数的72.5%，其中大部分震源深度在30km以内；中源地震，深度70~300km，占总震数的23.5%；深源地震，震源深300~720km，占总震数的4%。可知，浅-中源地震共占96%，其震源主要在莫霍面-低速层。1906年美国旧金山大地震沿圣安地列斯断裂延长了430km，水平位移达6m。1931年8月阿尔泰山富蕴县8级地震沿二台断层形成176km长的断裂带，水平位移达14m。1960年5月22日智利西海岸地震9.5级，系目前记录最大。

全球地震分布于3个带：环太平洋地震带、喜马拉雅-特提斯地震带、海岭地震带。前两者破坏性最大，特大型及大型地震主要发生于活动大陆边缘的洋壳俯冲带。

由此可做出系列地震动力成因模式图（图5-8），以及构造地表各部分结构关系示意图（图5-9）。

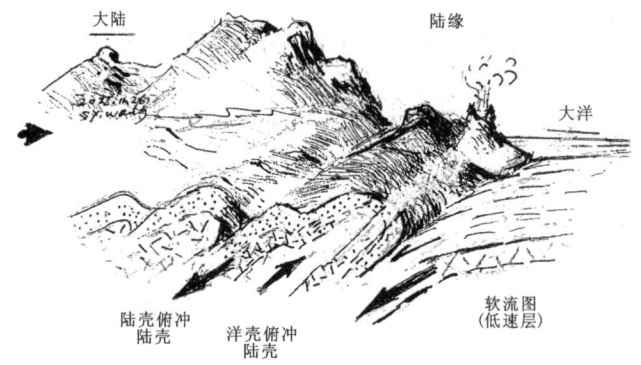

图5-8 地震系列动力成因模式素描图

第三节 火山物理素描

地球，火山是地球物理作用之重要现象之一，它的暴发常造成地质灾害。

一、火山分布及成因类型

地球上大大小小的块体间常在活动。其中，通道上地幔软流圈的深大断裂，导致岩浆喷发与侵入，这种喷发主要在陆/海交接的岛弧带！如日本岛弧火山链；也有在陆/陆的裂谷带，如山西大同新生代火山玄武岩喷发（图5-10）；还有大洋中脊火山链，如夏威夷群岛。

故火山成因有岛弧型、大洋裂谷型、陆内裂谷型。

第五章 地球物理素描

图 5-9　构造地震各部分关系示意图
（据天津市地震办公室《地震》，1973.8）

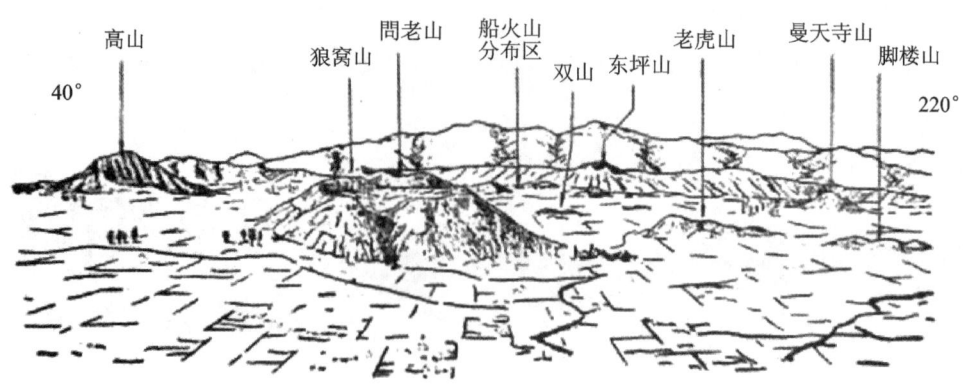

图 5-10　自金山望大同火山群

(据 В·И·别列金斯基,1963)

二、火山作用素描

1. 死火山地貌地质素描

死火山,意指有人类史之后未再喷发的火山。其体指新生代新近纪(N)距今 200 万年之前(图 5-11)。

图 5-11　死火山素描图

2. 活火山作用素描

活火山，意指人类历史记载以来未间断喷发着的火山（图5-12）。

图5-12 2020年1月12日，菲律宾与宋岛塔尔火山突然爆发

3. 火山剥蚀地貌地质素描

对关于地球历史上火山作用现象,后经长期外力剥蚀作用而形成的地貌所进行的素描(图 5-13)。

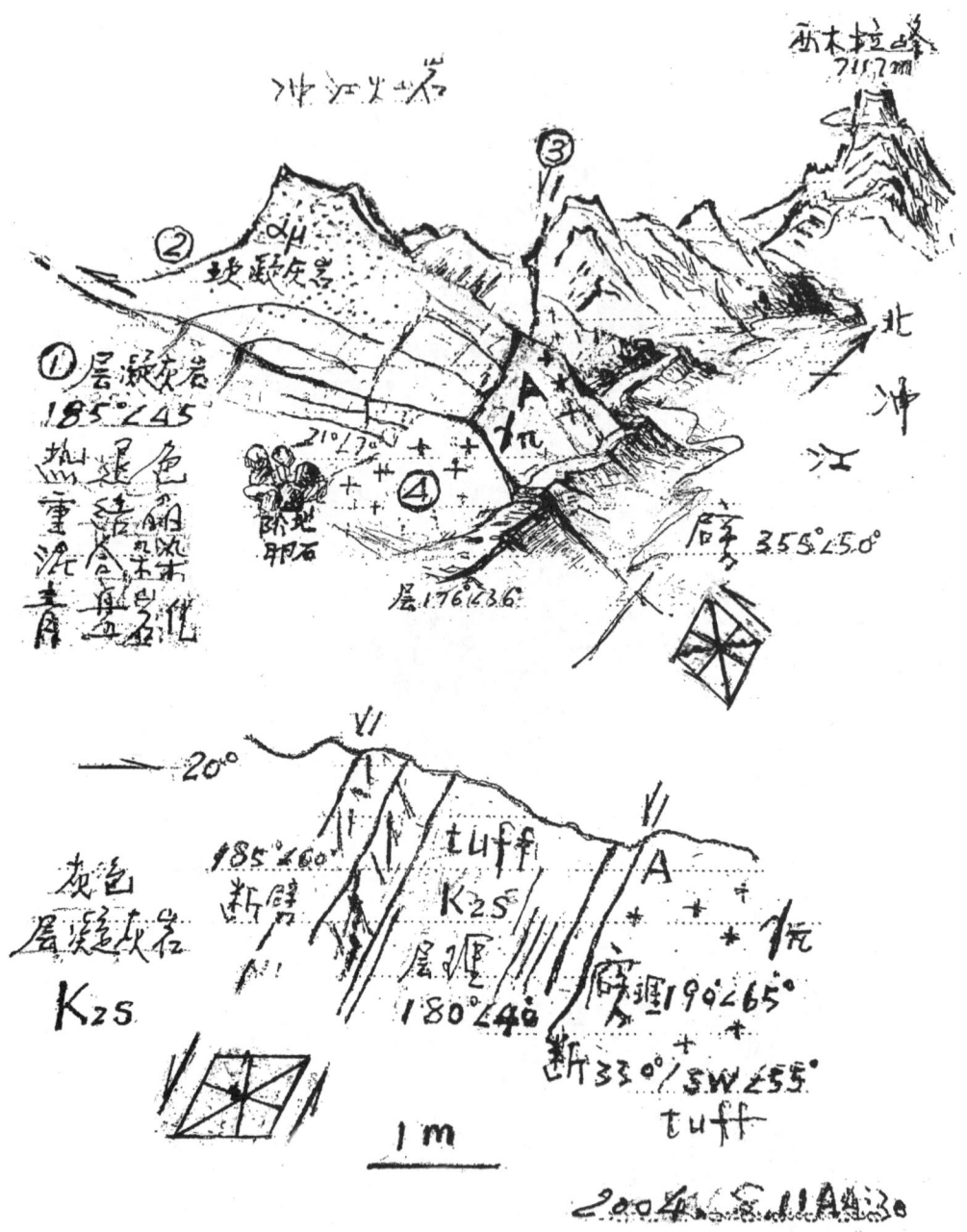

图 5-13 西藏冈底斯陆缘弧冲江火山岩盆地野外地质素描

第六章　地理分类素描

地理，系地球表面的各种物像，以及经常发生的自然现象，它们是人类生存的天然环境。包括山水、水系、冰川、火山等。对其素描，称地理素描。

第一节　山水地理素描

一、山系地理素描

山地景观素描，是对区域观察记录的珍贵资料，从艺术而言，有强烈的空间感、形象性、质量感，近似黑白山水画（图6-1）。

图6-1　山景素描
（剪辑[清]《芥子园画谱》）

写山，首先要会画石，以画石为基，进行写山构图。山地构图的各种技法，前人归纳了不少样式及皴法，供后人学习参考（图6-2）。

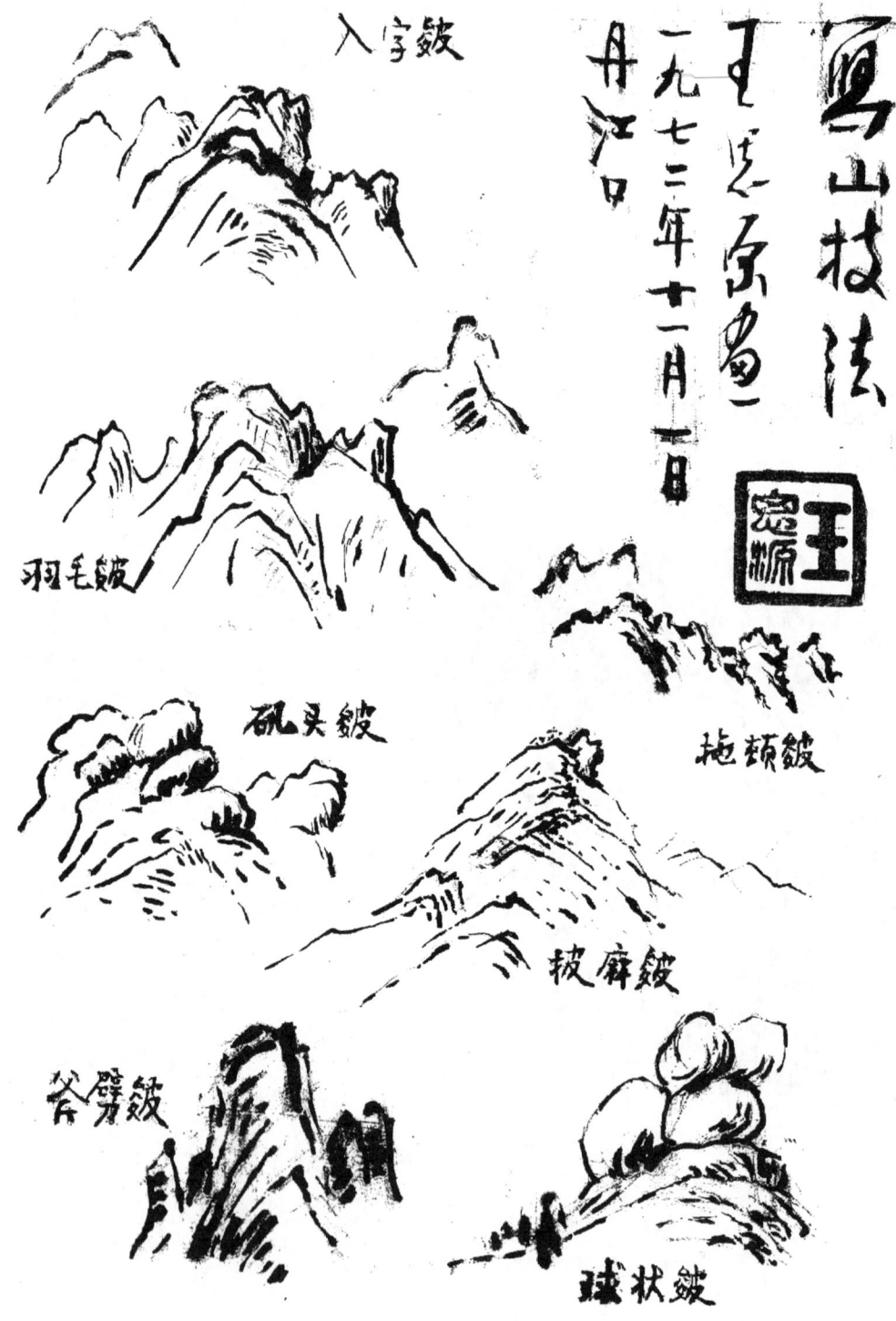

图6-2 山地素描技法

二、水系地理素描

河谷素描一般将心点置于河流上游。包括 V 型谷、U 型谷、蛇型河的素描(图 6-3)。

V 型谷：两岸诸坡线交成"人"字形纵列，自远而近，"人"字形由窄渐宽，间距由小渐大。谷底河曲则由两岸坡脚线的内弯给予表现。V 型谷两岸较陡，谷底狭窄，基岩裸露，阶地不发育，河床中有较多陡坎，并堆积较大的石块，素描时应予以注意。

U 型谷：画法类 V 型谷，但两岸谷坡较缓，阶地发育，河谷较宽，河曲较多且河床平坦，冲积砾大小均匀，磨圆较好。

蛇形河：分布在平原区，河曲多曲度大，谷坡平缓，主流线偏向凹岸，凹岸冲刷而凸岸沉积。素描时，需加强河漫滩崎岖，远景冥冥及某些建筑物的表现，以加强空间感。阶坡用变化的短斜线，阶面用变化的水平线，向远处河床渐窄，曲度渐大，间距渐小。

水系构图及各种技法，前人归纳了不少样式及皴法，供后人学习参考(图 6-4)。

图 6-3　山地河流
(引自[清]《芥子园画谱》)

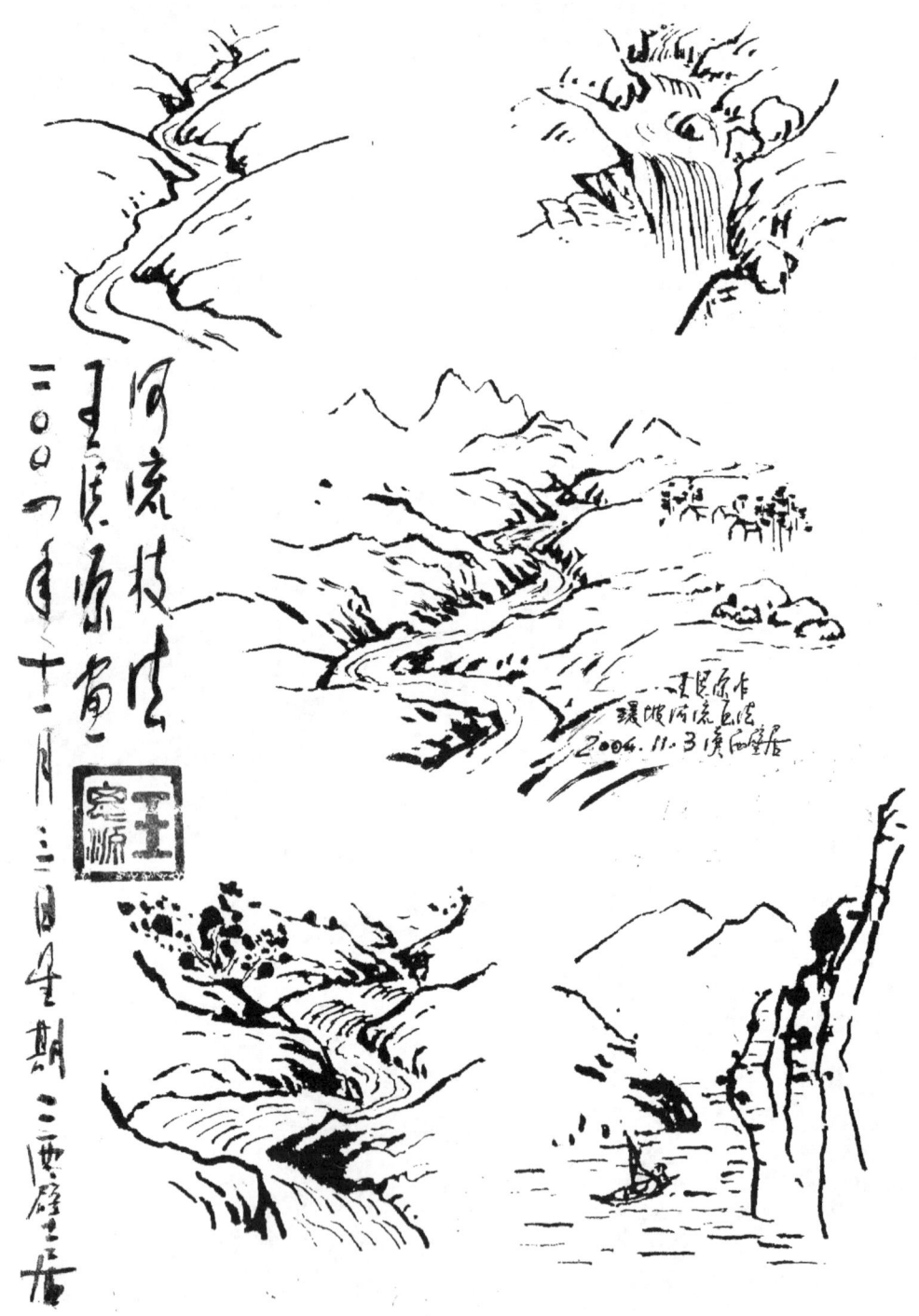

图 6-4 水景素描技法

第二节 冰川地理素描

海拔 5500m 以上的高山区,常年积雪;经年历久,积压成冰盖。冰盖因重力破裂,沿山谷向下流动,达雪线以下,部分融化成冰水混合的冰川,具有极大的冲击力。

冰川流动,造成剥蚀地貌,形成冰斗、角峰、冰脊(图 6-5)。

作为构图形成,有冰川地貌素描、冰川地貌-沉积剖面结合素描(图 6-6)、冰川冰盖分布—冰帽特写素描(图 6-7)。

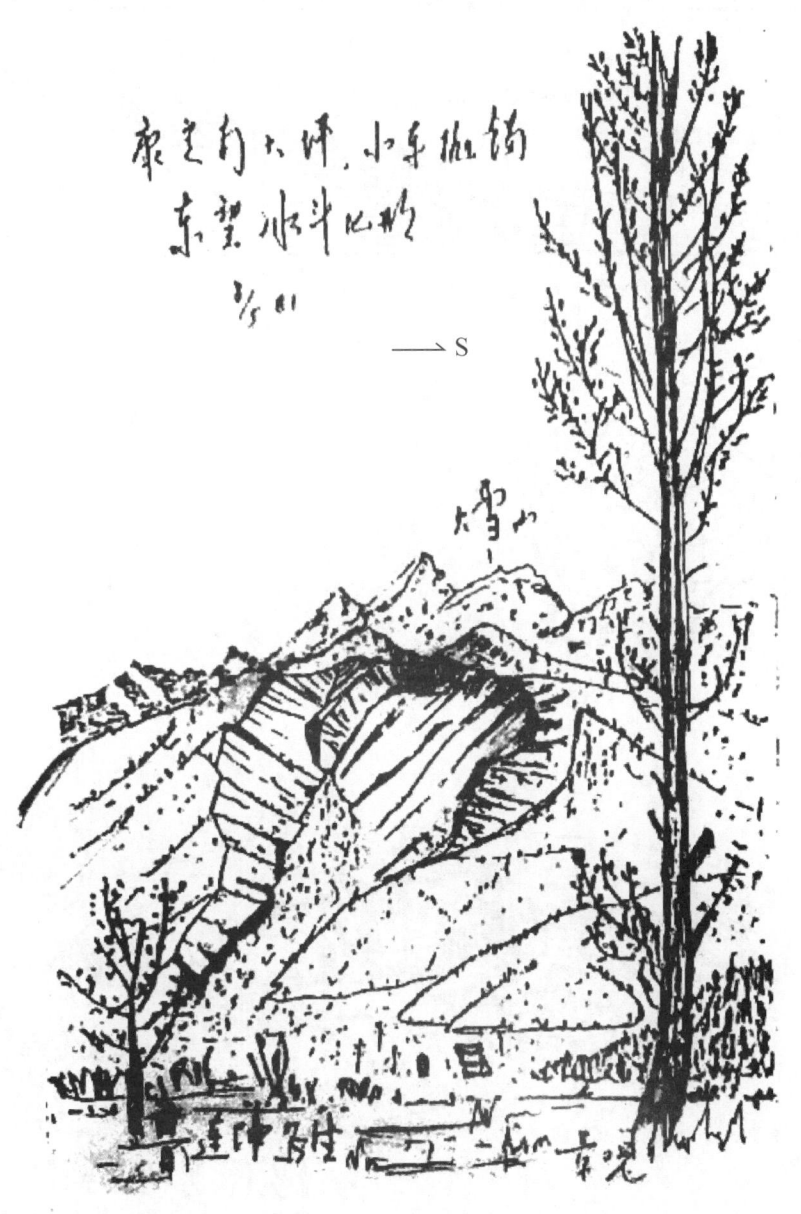

图 6-5　西藏康定南雪大坪雪山冰斗地形景观素描

(鲁连仲写生,1981.8.5)

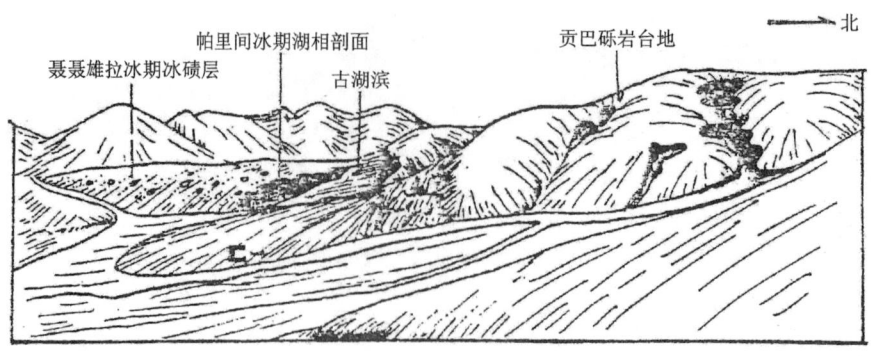
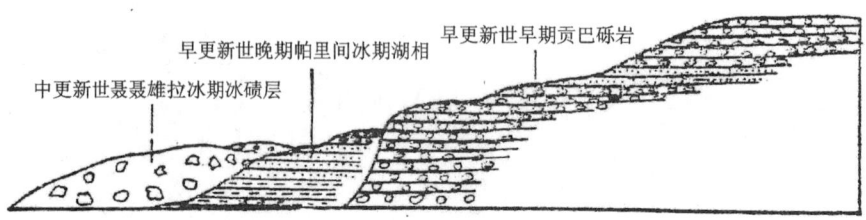

图 6-6 青藏帕里湖沉积相体-面联合素描
(中国科学院青藏高原综合科学考察队,1986)

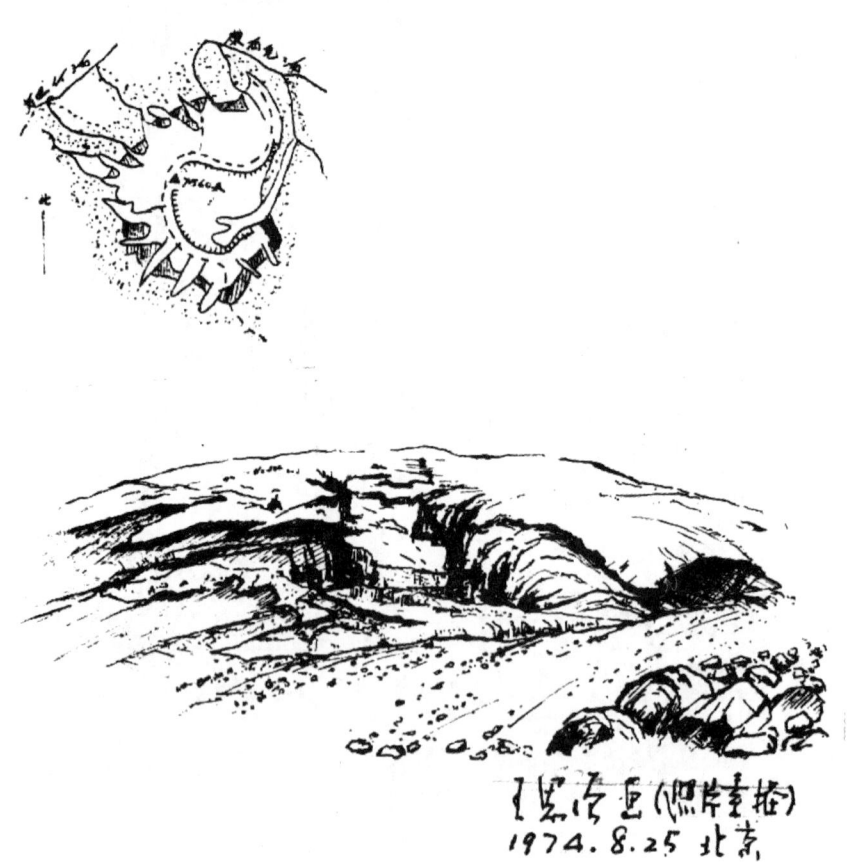

图 6-7 新疆慕士塔格现代局部冰盖——冰帽

第七章　生物分类素描

地球上出现有生命的物质,是原始地球演化的结果。由于钙、镁是构成生物骨骼的基本元素,在太古宙—元古宙(19.5亿年前)硅铝质变质岩(片麻岩等)之上不整合覆盖的震旦系—寒武系(8.5亿~5.7亿年),其钙镁质碳酸盐岩中出现的大量三叶虫等化石,就可以理解。

第一节　植物地学素描

晚古生代(泥盆纪、石炭纪、二叠纪)是蕨类植物时代;中生代(三叠纪、侏罗纪、白垩纪)是裸子植物时代,中生代晚期出现被子植物;新生代(古近纪、新近纪、第四纪)被子植物占绝对优势。

一、现代植被素描

植被为地球着了绿装,其在地学地理素描中并非全是点缀,它反映了:①气候分带,表现为不同的植被种属,如东北区的针叶与阔叶木的混交,长江流域的常绿阔叶、常绿针叶、落叶阔叶木的交生等;②岩性分带,不同土质决定了不同植物种属,如砂页岩区多高大的马尾松及茂密树林,石灰岩区多野草、灌木及小柏杉之类;③隐伏构造,线状分布的树木反映了隐伏断层、醉汉林、马刀树反映了滑坡;④矿产,某些有用元素支持了相关植被的生长,如铜草是铜矿产地的标志,锌草是锌矿产地的标志等;⑤风化作用,植被对土壤和岩石的不断破坏作用(图7-1);⑥特征植物是地物标志。

一般要求掌握针叶树、阔叶树、灌木及杂草的画法(图7-2)。

画树:先画树干,再画树杈,后画树冠。画干画枝时,用笔自下而上;画冠时,先圈定总范围,再画具体树叶。

画丛林:先画总体透视关系,再对前沿几棵树详画(特写),后面的只以隐约而断续的线表现即可。

画灌木:先画干,再画枝,后画叶。整体要"蹲若脱兔,展如雄鹰",枝间宜有相交者,叶助其媚态,添梳风扫月之势。

画野草:要纤秀多姿,有无风欲动之感。其分布最忌均匀,多见依石丛生,一般用短线描、兰叶描等。

在构图上,需注意:①单棵树(或灌或草)枝间需适当相交,以增加空间感;②多棵树间,应互相顾盼,枝有穿插;③诸树间不宜均匀分布,需适当组合;④叶子可以用个字点、垂藤点、大混点、小混点、仰头点、刺松点、梧桐点、破笔点、圈点、三角点、不规则点组合而成。

20世纪20年代,马骀(字企周)曾论:"凡画山水必先画树,树必先自干起。干之法不外鹿角、雀爪、鱼骨等式，或争或让，交加穿插，偃仰向背。既得一鹿角树干之后，任意增枝而为枯树，点叶而为茂树。千万株不外此法也。"这概括地说明了画树的一般程式。

图 7-1　当代樟树扎根岩石缝隙的风化作用
（索思摄影，2018.9，喻家山）

第七章 生物分类素描

图 7-2 树木素描技法

二、古代植被素描

古代植物埋藏在地层中,有的被氧化分解掉,有的被深埋形成化石(图7-3)。

图7-3 侏罗纪树木化石——硅化木
(索思摄影,2018.8,化石林)

对于古代植被研究,一是素描其形态特征、纤维机理、年龄结构、物质组成;二是分析其生存条件及其生态环境;三是最重要的,做出侏罗纪生态复原图(图7-4)。

树干分枝型或
a. 二等分;b. 不等分
c. 合轴分;d. 单轴分

石炭纪森林复原图
(北京地质学院《普通地质学》,1963)

图7-4 石炭纪与侏罗纪原始生态复原图

第二节 动物地学素描

早古生代(寒武纪、奥陶纪、志留纪)是无脊椎动物尤以三叶虫化石代表的时代;晚古生代(泥盆纪、石炭纪、二叠纪)是鱼类及两栖动物尤以青蛙化石为代表的时代;中生代(三叠纪、侏罗纪、白垩纪)是爬行动物尤以恐龙最盛的时代;至新生代(古近纪、新近纪、第四纪)是鸟类及哺乳动物的时代;尤其是第四纪人类的出现,伴有被子植物的兴旺,为地球带来活跃。

一、现代动物素描

动物是地球上的活动分子。其反映了:①气候分布,表现为不同动物种属。例如北极白熊、南极海豹,温带牛、马、驴、羊,热带象、鹿、狮、豹等;②地理环境不同,同一气候带的地形不同,动物亦异,例如温带内蒙古草原野生动物种类繁多,调研有551种,其中哺乳动物65种,鸟类295种,爬行类21种,两栖类8种,鱼类82种。③饲养目的有别,驯服动物,目的为人类所应用,例如牛、马、驴、骡干重活,猪、羊供屠宰,猫、狗看家,鸡、鸭生蛋等;④动物对异常的敏感性,例如"老马仕途""犬鼻辨味"。

一般要求能看出飞禽、走兽、游鱼的大类即可。

画动物,先用单线勾勒大轮廓,拟定位置、形态、气势,然后重点刻画头部,以至延及全身(图7-5)。

图 7-5 动物技法

二、古代动物素描

这里指的是古代动物的生态,是根据古动物化石特点,及其生存的地理环境确定,恢复那时的自然生态活动。为此,其一需要学习素描动物化石,把握各种动物的形态、结构、纹理;其二研究其性格、生活习惯与饮食类型;其三进而素描创作该类动物当时的生态景象。

作为脊椎动物的始祖鸟化石发现在德国晚侏罗世地层中。鸟大如鸦,尖嘴、两颌有齿、两翼披羽、两后腿及两翼各有二指,胸骨欠发达。推测食肉,经途慢飞。其与侏罗纪的喙嘴龙相肖,后者长嘴有齿、小胸长尾、带三指的两大翅膀。推断鸟类来自翼手龙的演化。如此,化石及生态复原图就可绘制了(图7-6)。

图 7-6 动物技法

三、人类演化素描

(一)白垩纪末期"生物大灭绝事件"

地层考古发现,在6500万年的白垩纪末,以恐龙为主体的生物界遭到突然的灭顶之灾,称"大灭绝事件"。白垩系顶部层界清晰,在墨西哥、意大利等世界多地的该层黏土岩中富含铱(Ir),其含量是正常岩石的几十以上百倍,这种超含量只有在陨石中见到。为此科学界的主流说法是"大灭绝事件"的缘由来自白垩纪末(6590万~6500万年),有颗大陨石撞击地球引起。其撞击坑在墨西哥尤卡坦半岛附近。坑径1804m,深9000m。为墨西哥石油公司1951年发现,其后欧美多国参与研究。估算该陨石(小行星)的直径10km。

此撞击导致地壳破碎,断块差异,火山喷发,生态环境改变,恐龙等不适应环境而灭绝。

(二)新生代人类为主体的演化状态

地球动力学研究表明,6500万年前后,大西洋板块东西扩张,太平洋板块北向围冲,印度洋板块推动印巴地体优先北体,地球跨入新生代(Kz)。经历了古近纪(6500万~2350万年)、新近纪(2350万~300万年)、第四纪(300万年以后)至今。

1.古近纪三分为:古新世(6500万~5500万年)、始新世(5500万~4000万年)、渐新世(4000万~2350万年)。

始新世晚期至渐新世,印度洋板块(含印度地体)对亚洲板块撞击,新特提斯洋封闭,其缝合带在今雅鲁藏布江一带,接连印度河、波斯湾、两河地中海(残留海域),再通大西洋,是一处新生代的蛇绿岩带(残留洋壳)。

2.新近纪二分位:中新世(2350万~520万年)、上新世(520万~260万年)。此是人猿分离各自演化时期。

中新世,印巴—伊朗板体对亚洲板块俯冲造山。喜马拉雅山系成生,西连巴基斯坦的苏莱曼山脉,再连伊朗板体南侧的扎格罗斯山脉。

考古界,1934年美国刘易斯首次在喜马拉雅山南坡印巴接壤处的安瓦里克山区发现腊玛古猿上颚骨化石,时间定在1400万~800万年间。此后相继在肯尼亚、希腊、匈牙利、土耳其、巴基斯坦、中国开远和禄丰等地也发现腊玛古猿化石。禄丰同时出土了轭齿象、三趾马、犀牛、爪兽、羚羊等动物化石。这正是在新特提斯洋的俯冲带附近,其时代在中新世中到晚期(约1500万~700万年)。

分子生物学(生物钟)研究表明,人猿分离在600万~500万年前的中新世晚期,分两类支系,一支向现代猿类发展,一支向现代人类发展。

演化与地球动力作用休戚相关,概括如下:

由于印度三角形板体急速北进,强烈推挤并俯冲青藏板体,导致东西两侧强烈变形。

(1)西侧钢性的非洲板块相对滞后,其东缘被反向切削破裂核并成折环形的"东非裂谷"。该裂谷其北段是红海裂谷,中段是图尔卡纳湖、维多利亚湖,南段为赞比亚河谷地。长约7000km,宽50~80km,深达1000~2000km。两岸陡峭,多为死火山,活火山尚有22座,地震频发。地学界研究得出该裂谷起始于中新世(2350万~520万年),大规模错动在上新世(520万~260万年),直至第四系(260万年至今)仍在扩张。

在此期间,非洲发育了"南方古猿"(440万~200万年)。2016年埃塞俄比亚挖掘出"南方古猿种"420万～390万年。

不过,1924年南非金伯利北发现的"汤恩幼童头骨" 南非解剖家达特研究命名"南方古猿非洲种",距今约250万～200万年。远离"露丝",跨入新生代更新世(260万～1万年)。

(2)同时代,印度板体的快速与剧烈地向北北东向推挤,其东侧的东南亚板体则落伍,导致新老特提斯造山带强烈的韧性变形。一则因北冲,青藏高原不断抬升;二则其间东侧因顺向压扭,形成了川云缅南北向的横断山系。青藏板体前沿外围则断块下沉成盆地。

1958年中国科学院黄文波研究员带中法考古队,在四川盆地东缘的重庆市巫山县庙宇镇发掘出带臼齿能人左侧下颌骨的化石,1986年又掘出3枚门牙及带2齿的下牙床化石,定名"直立人巫山亚种"(巫山人),化石地层测得214万年。同时出土了石锤、刮削器、砍砸器、石斧等,属于旧石器时代早期。

在中华大地上,还发现了:170万年前的元谋人,163万年前蓝田人,约100万年前的陨县人,70万年前的北京周口店人,60万年前的南京葫芦洞人,40万年前的安和县人,20万年前的甘肃金牛山人,10万年前许昌人,10万年前的柳江人,4万年前的北京田园洞人,3.5万年前四川资阳人,1万年前的山顶洞人等。

综上所述,人类演化经历了:腊玛古猿(1400万～800万年)、南方古猿(440万～200万年)。其后,依山傍水,居住溶洞里的古猿,大脑进化,能利用天然石器,利用火,考古界称其为能人(200万～170万年);嗣后,诞生了"直立人"(170万～20万年),能直立行进与奔跑,能做石器、棍棒狩猎、采摘等。为生存而奋,脑量愈益发达,从而进入"智人阶段"(20万～1万年),以至渐进到"现代人阶段"(1万年之后)。

(三)人类演化素描主要类型

1.人类化石素描

(1)野外挖掘速写。对挖掘现场的开采面画剖面图,画出并标明层位及赋存的化石。

(2)人骨化石素描。对挖出的化石进行单独的观察研究,然后进行详细素描。包括头骨、椎骨、盆骨、肢骨、趾骨、指骨等。

2.头颅复原素描

(1)头颅骨骼复原素描(图7-7)。

(2)头颅五官复原素描(图7-8)。

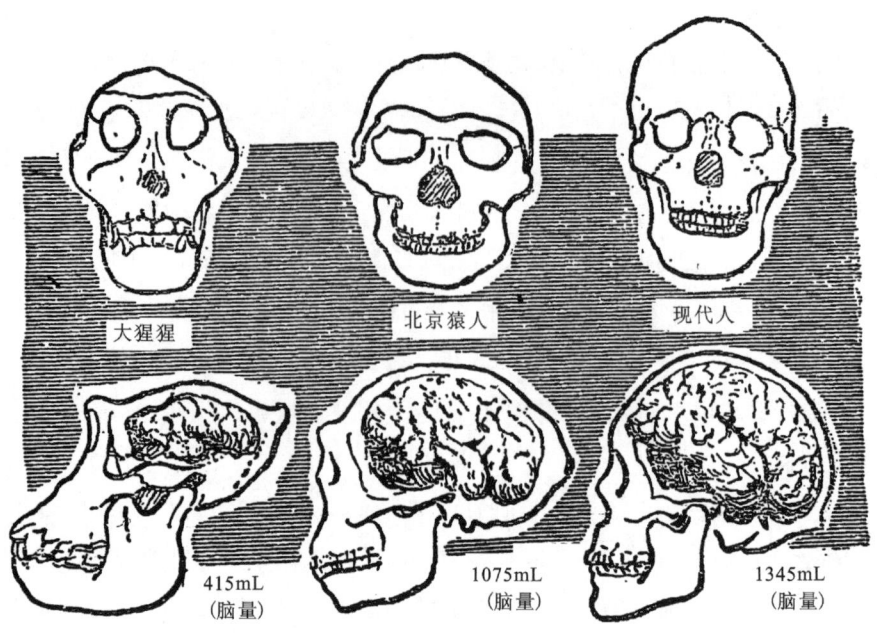

脑的比较

由于直立行走,特别是从事劳动,使脑发达起来,智力大大提高

图 7-7　人类头脑发展复原素描示意图

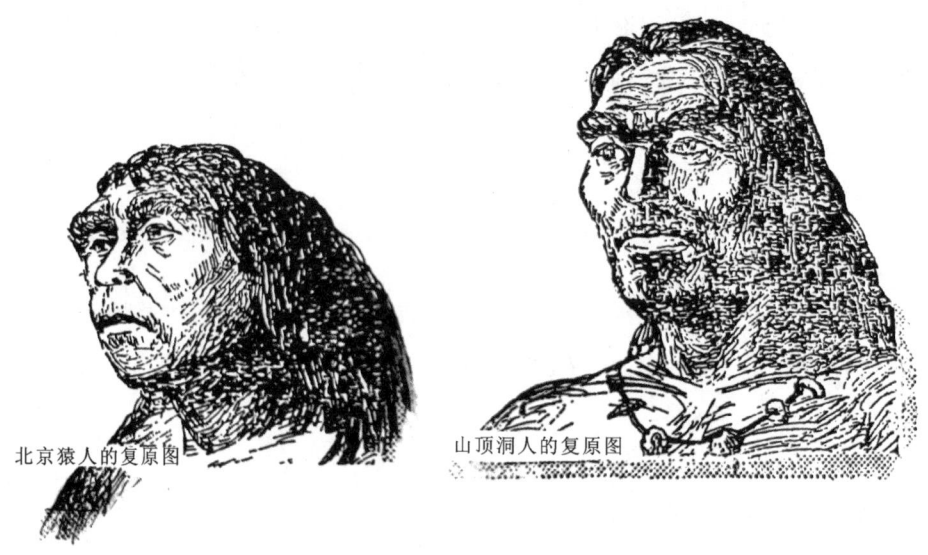

图 7-8　人类头像发展复原素描示意图

左:北京猿人复原像;右:山顶洞人复原像

3. 原始人生活状态素描

根据某地区挖掘的原人化石、工具,及其同层位的动植物化石等,研究原人的生存环境及生存方式,做出"生态环境素描图"(图 7-9)。

图7-9 猿人生活生态复原水墨图

第八章　地质分类素描

第一节　平面型地质素描

一、平面素描

1. 概述

概念：平面素描指水平或近于水平面上的地质露头素描，包括断层、节理、岩脉、矿脉等为主的线性地质体的素描。

测量法：站立线性体某端点，持罗盘测其总体走向方位角及倾角，误差不大于1°，它涉及构造配套问题。

定位法：一般俯视作图，作图位置开始以能统观全貌为准。在图纸上，以图幅上方为北(0°)，将线性体按测得的方位角画出。注意，按方位角画——不以作图方向（脸向）为准！主体轮廓既定，再游动视点，画细部。如岩性及伴生现象等。此类图是边观察、边测量、边作图的。

技法：可画立体俯视图，但更常用线描加地质专用符号素描。

2. 各类平面素描

1）断层平面素描

内容：①断线方位、形态；②断带中构造透镜体、构造片理、构造岩等；③两盘伴生及派生构造，如节理、褶皱等；④两盘地层、岩性、时代、产状等；⑤断层活动期次及运动方向。

步骤：①持罗盘测走向；②按方位及特点画断线；③详细地质现象；④标产状、时代等。

2）节理平面素描

内容：①节理分组、产状、形态；②组间切错关系；③共轭节理及节理分期配套；④产于的岩石、时代、产状。

步骤：①分期分组；②测各组走向；③按方位画节理线；④标产状、期次等。

3）岩（矿）脉平面素描

内容：①脉体分组、产状、形态；②充填物；③产于的岩石、时代、产状；④控脉的构造机制。

步骤：①测走向；②按走向及形态勾脉体轮廓；③标产状、岩性等。

二、剖面素描

1. 概述

概念：剖面素描指天然或人工陡壁上的地质露头素描，包括褶曲、断层、地层、岩体、矿体等地质体的素描。

测量法：测代表性走向、倾向、倾角。表示如：其中，35°为走向；SE 为倾向，40°为倾角。它们是地质分析的重要资料。

定位法：剖面方位一般以右方方位角确定，剖内线性构造等按实际位置画视产状。

技法：可用明暗法或勾竣法画立体剖面（浮雕式）。但最常见的是以单线加地质专用符号的线描法，得花纹式剖面素描图。剖面素描可以是观察点上的小型素描，也可用于区域性剖面素描（路线剖面）。剖面线的勾画直接影响到素描图的美观程度，这是个重要的造型及技法问题。

2. 各类剖面素描

1) 褶曲剖面素描

内容：①剖面线形态及方位；②褶曲的形态及产状，其中包括两翼、枢纽及轴面产状；③产于的地层、岩性、时代、产状。

步骤：①画剖面线；画褶曲形态；②测标产状、方位、比例尺等。

2) 断层剖面素描

内容：①剖面线形态及方位；②断层形态及产状；③断带中构造透镜体、构造片理等；④断盘上伴生及派生构造；⑤断层活动期次及运动方式；⑥产于的岩石、时代、产状。

步骤：①画剖面线；②画断层；③画两盘；④测标产状、方位、比例尺等。

3) 地层剖面素描

内容：①剖面线形态及方位；②地层接触关系及间断面特征；③地层岩性、构造、时代；④矿产；⑤各类产状。

步骤：①画剖面线；②画接触关系；③画岩性，标时代；④测标产状、方位、比例尺等。

4) 岩体剖面素描

内容：①剖面线形态及产状；②岩体的岩性、时代、产状；③与围岩的接触关系及接触面产状；④围岩的岩性、时代、产状。

步骤：①画剖面线；②圈岩体轮廓及表岩性；③表围岩岩性，标时代；④表接触带特征；⑤测标产状、方位、比例尺等。

5）矿体剖面素描

内容：①剖面线形态及方位；②矿体形态、成分、产状；③与围岩接触关系及接触面产状；④围岩的岩性、时代、产状。

步骤：①画剖面线；②圈矿体轮廓，表矿石成分、结构、构造；③表围岩岩性，标时代；④测标产状、方位、比例尺。

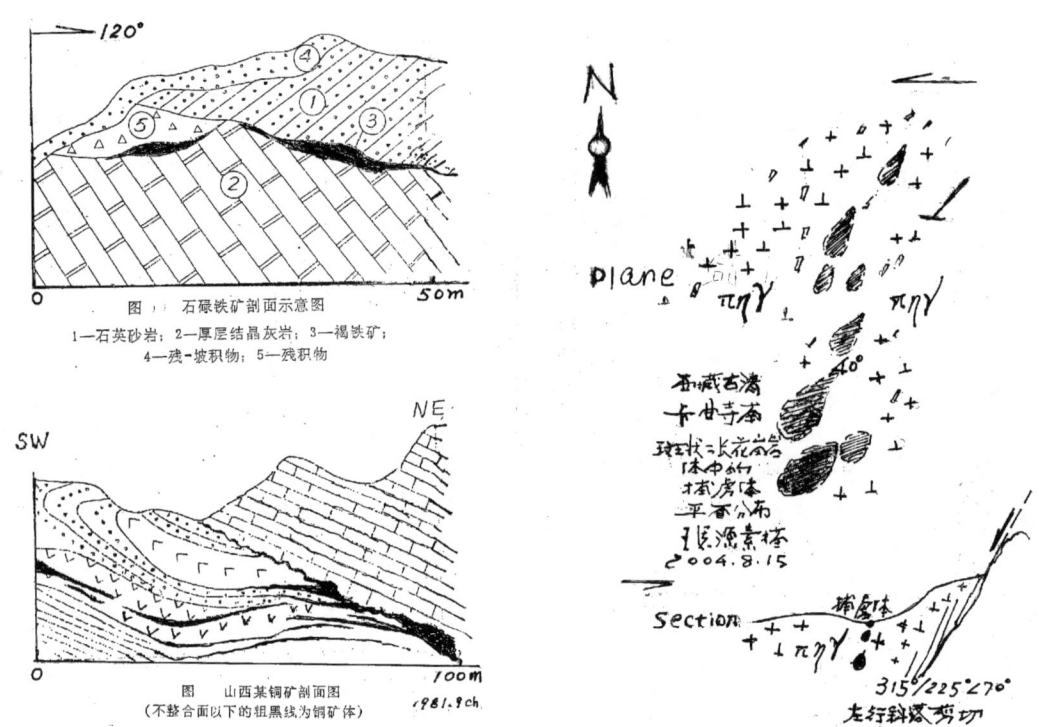

图 8-1 平面素描与剖面素描例图

左图：地层不整合面中矿化剖面素描图（据池三川，1981）

右图：西藏古清卡曲寺斑状二长花岗岩体中捕虏体平面素描图

三、显微素描

1. 概述

概念：显微素描指显微镜下的薄片与光片的素描，包括偏光显微与反光显微两类。

测量法：算素描图的放大倍数。若目镜的放大倍数为 e，物镜为 t，总放大倍数为 m，则：

$$m = et$$

设 $e=10$，$t=8$，则 m 为 80（倍），即各矿物放大了 80 倍，或者说物镜所含载片的圆直径放大为原数的 80 倍。这样，求知物镜所含载片的圆直径（视域）是必要的，若 d 为物镜视域直径，Δn 为该视域中载物台上测微尺的格数（每格＝0.01mm）。则：

第八章 地址分类素描

$$d = 0.01\Delta n$$

设 $\Delta n = 71$(格),则 $d = 0.71$mm。素描时所画的对应圆的直径则为：

$$dm = md = 80 \times 0.71 = 56.8 \text{(mm)}$$

但有时所画圆直径 $ds \neq dm$,则放大倍数为：

$$ms = \frac{ds}{s}$$

设 $ds = 35.5$mm,则放大倍数为：

$$ms = \frac{ds}{s}$$

写成 50× 或 ×50。

定位法：在图纸上用圆规按比例画象限圆,按矿物所在象限的位置勾轮廓,先勾"大矿物",然后将"小矿物"填画入"大矿物"间隙中。

技法：用线描法兼点法。要求对岩石或矿石的矿物、结构、构造进行细致入微的刻画。

2. 各类显微素描

1) 薄片显微素描

一般用偏光显微镜测透明矿物(图 8-2)。

内容：①岩石类型；②岩石矿物；③岩石结构；④岩石构造。

步骤：①测物镜视域直径；②定放大倍数；③据倍数画象限圆；④画矿物,由大到小,由清晰的到模糊的；⑤表蚀变；⑥加矿物代号,如 Or、Aln、Ab、Q 等。

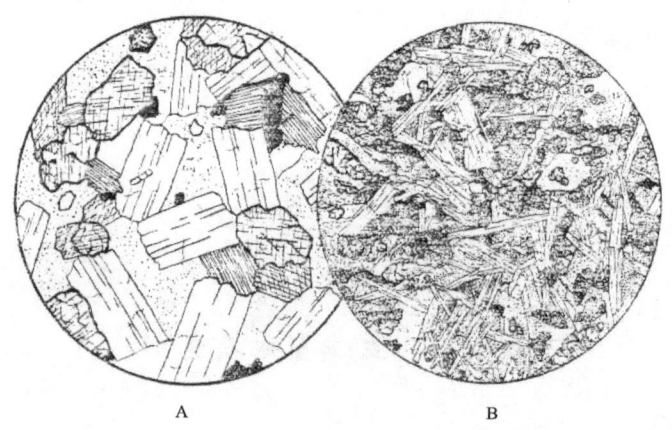

图 8-2 岩石薄片素描

A. 二长结构(二长岩),$d = 2.5$mm,单偏光(据 H. williams)
斜长石呈启形板条状,钾长石为他形晶；

B. 间隙结构,苏联东西伯利亚,$d = 4$mm 单偏光,(据 IO. Hp. 波洛文金娜)在较自形的板条状斜长石组成的间隙内充填由玻璃物质或玻璃质的分解物

2)光片显微素描

一般用反光显微镜,测不透明矿物(图 8-3)。

内容:①矿石类型;②矿石的矿物成分;③矿石结构;④矿石构造。

步骤:同薄片素描。

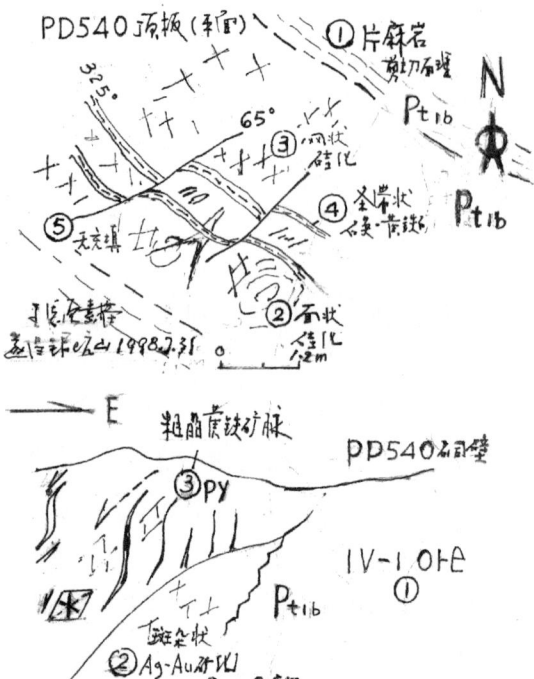

粗晶自形黄铁矿受力产生裂纹
1.脉石矿物;2.细粒黄铁矿;3.自形黄铁矿

图 8-3 平面型地质素描综合例图

左上图:浙江遂昌金银矿化平面素描(饮水素描,1998.7);左下图:
浙江遂昌金银矿化剖面素描(饮水素描,1998.7);右图:广东马口硫
铁矿化光片素描(赵兴元等素描,1983.10)

第二节 立体型地质素描

一、景观素描

1. 概述

概念:景观素描是关于地貌地质及地质构造的较大规模的全貌素描,包括地貌、地层、构造、岩体、矿区等景观素描。

定位法:素描毕,将图对准被画者,罗盘置其上,转罗盘,至北针指 0°止,标记指北方向。

2. 一般素描法

1）山脊素描

山是地貌的重要组成部分。山的外凸，即所谓山脊的表现，主要在于用线。按线的组合特征，山的画法有鳍脊法、弧线法、入字形法、脊顶皴影法、单面皴影法、脊侧皴影法等。以前三者为主要。

鳍脊法为自峰顶向山脚引折线或曲线，再画次级山脊线然后将背光面线条加密。弧线法为用上凸变化的弧线表隆起的山脊，且脊顶用线较稀疏。入字法为由一系列入字或反入字沿山脊相续排列而成的纵列，上宽下窄。各类皴影法是在上述各法的基础上适当使用皴法。

2）冲沟素描

冲沟素描指山坡凹面表现法，有雁列法、枝状法、羽状法、曲线法等。

雁列法为若干人字相间交替的纵列，大致呈雁行状，上窄下宽。枝状法为状如弯曲多叉的树枝，向峰顶尖灭。羽状法为表现山脊一侧的次级冲沟法，似半边羽毛，用线不宜均匀。曲线法用一组放射状曲线表示冲沟，向峰顶尖灭，用于远方圆滑山包。

3. 各类景观素描

1）地貌地质素描

地貌地质素描是关于地球外貌的素描，包括剥蚀地貌及火山地貌（图 8-4～图 8-6）。

内容：①地形；②地质特征，如冰斗、鳍脊、角峰，或火山锥、火山口、火山湖等。

步骤：①按透视关系画群山之峰顶线；②画各山山脊及冲沟；③皴影；④标地名、方位等。

图 8-4 冰川角峰及冰川谷景观素描
（引自北京地质学院普通地质教研室《野外工作方法》，1966）

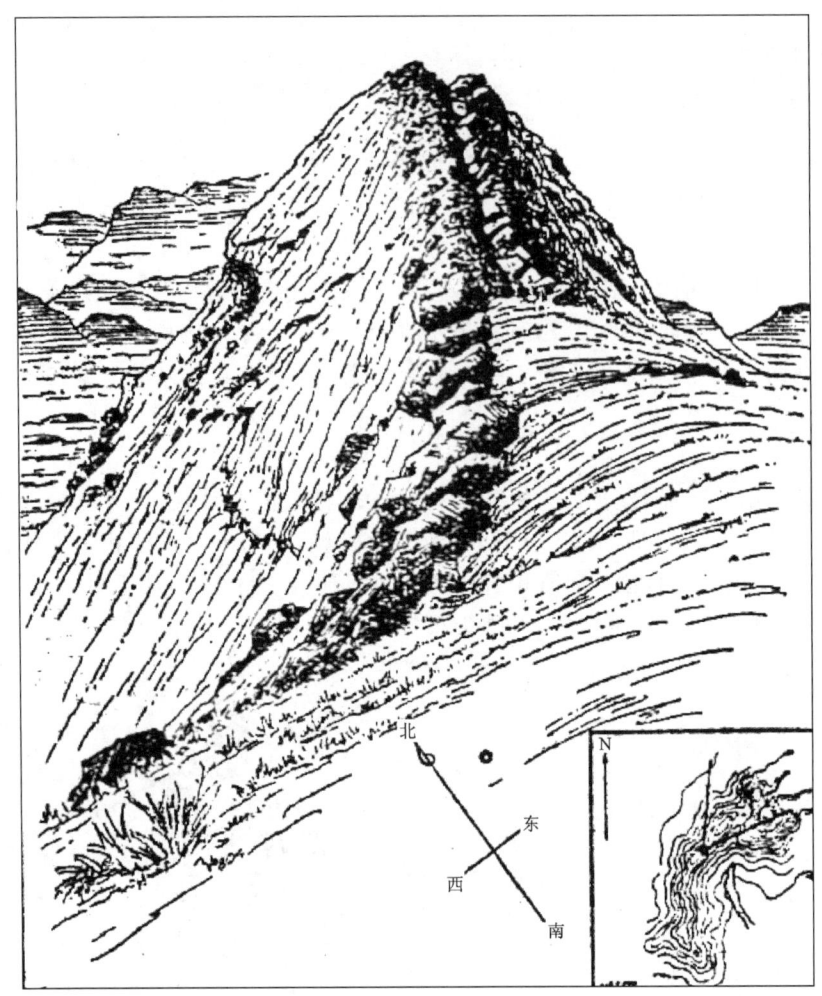

图 8-5　昌平龙山石英岩地貌景观钢笔素描
(王素据照片素描)

图 8-6　桂北花岗岩剥蚀地貌景观毛笔素描

2)地层景观素描

地层景观素描为有关地层宏观概貌的素描(图 8-7、图 8-8)。

内容：①地形；②地层、岩性、代号。
步骤：①按透视关系勾山形；②画岩性；③标时代、方位等。

图 8-7　砂岩和页岩形成的地形钢笔素描

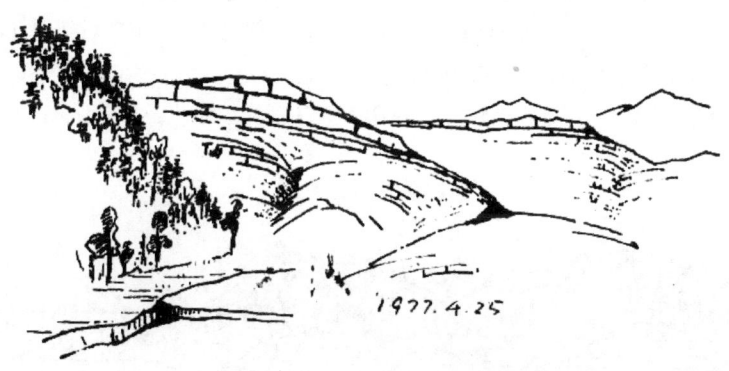

图 8-8　黄石市黄荆山向斜南翼地层景观素描（由老西井北望）
$T_{1-2}j.$ 下—中三叠统白云质灰岩；$T_1d.$ 下三叠统泥质灰岩

3）构造景观素描

构造景观素描为关于褶皱、断层等构造的宏观概貌素描（图 8-9）。
内容：①地形；②构造形态、展布，与地形的关系。
步骤：①按透视关系勾山形；②画构造线；③标产状、方位等。

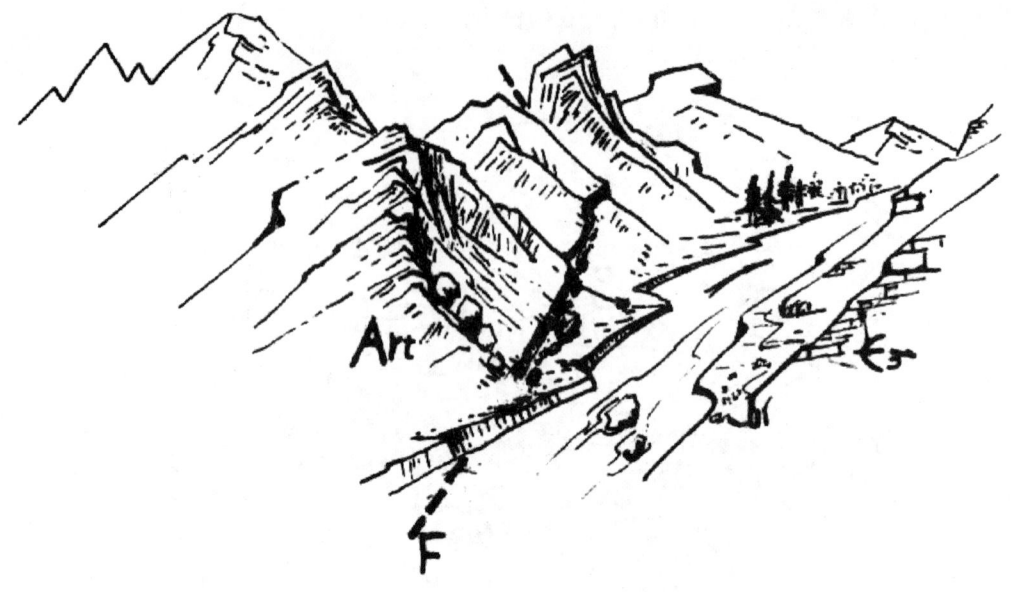

图 8-9　山东淄河断裂带景观素描

（索思素描,1978.7.15）

注:淄河断裂带总体走向 NE30°,西盘为上太古界泰山群片麻岩-混合岩;东盘为上寒武统石灰岩

4）岩体景观素描

岩体景观素描为有关岩体及岩体与围岩接触带的宏观概貌素描（图 8-10）。

内容:①地貌;②岩体产状,如岩基、岩株或岩床;③岩性及岩相,对可辨认的相带以虚线圈出;④蚀变带产状、变质特征-热变质或蚀变。

步骤:①按透视关系勾山形;②圈岩体界限;③表岩体、围岩岩性;④标时代、方位等。

图 8-10　山东荣成海滨砂锆矿田成矿母岩——正长岩岩体景观素描

（索思素描,1975）

二、标本素描

1. 概述

概念:标本素描是对采集的各类标本进行的素描,包括矿物、岩石、矿石、构造、古生物等

标本的素描。

标本素描一般在室内进行,其大小可与实际标本相同或相近,能精工细作,达造型美观之目的。

2. 一般素描法

(1)弄清标本成分、结构、构造、总体形态、局部形态。

(2)通常标本置于正常视域中,按主题及构图要求摆布;可配小块标本以助构图,可配参考光源以加强质量感。

(3)测并作视平线及心点,依透视法则控制总体轮廓。

(4)按透视关系进行块面分割。

(5)描绘原生构造,如沉积岩微层理构造、火山岩流动构造、变质岩片理或片麻理构造等;同时勾出次生结构面,包括褶皱、裂隙、构造片理等。

(6)量标本及图的长度,计算比例尺:

$$比例尺 = \frac{图长}{物长}$$

3. 各类标本素描

1)矿物标本素描

矿物晶体一般为规则几何体,可作准确的透视图。晶面条纹的刻画是至关紧要的,它反映了矿物的内部结构,切不可随便处之。例如立方体的黄铁矿的3组互相垂直的条纹,石英、刚玉的晶面横纹,绿柱石、电气石、辉锑矿的柱面纵纹等。另外,对矿物集合体的表现关系到构图,是决定素描美观程度的又一重要方面,可通过标本的放置给予解决,但切不可本末倒置(图8-11)。

图8-11　晶体与晶族

2)岩石标本素描

岩体标本素描要注意岩石的整体形态及表面糙滑程度,删去过多的凹凸变化。充分发挥明暗造型技法,加强明暗对比。直接用表现矿物的线条表现不同明暗程度,切勿另加所谓"阴影线条",那样会造成错乱,这也是绘画素描的不同点之一(图 8-12)。

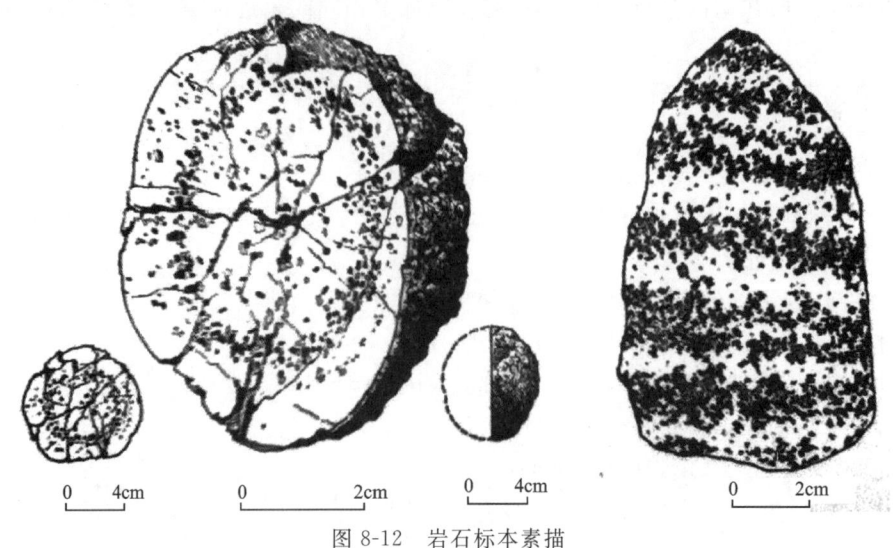

图 8-12　岩石标本素描

左图:河北密云球状花岗岩(王素素描,1966.5);右图:祁连山带状辉长岩(刘宝珺素描,1966.5)

3)矿石标本素描

矿物标本素描需着眼于矿石的结构与构造的素描。结构指矿物本身及集合体本身的几何特征,而构造指矿物间及集合体间的组合特征。前者如等粒、不等粒、片状、纤维状、交代等结构;后者有块状、浸染状、条带状、角砾状、脉状、晶洞状等构造。一般来说,对于不直观的矿物,需外加花纹图例(图 8-13)。

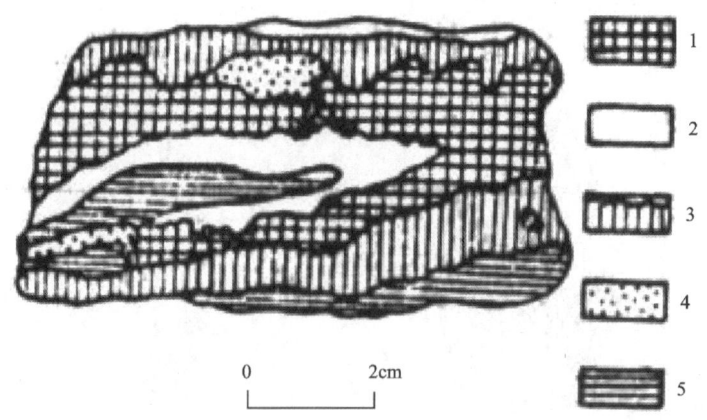

图 8-13　辽宁夹山矿田铜矿石素描

(引自中国地质大学《矿床学实践指导》,2005)

1.黄铜矿;2.石英;3.栉状石英;4.黄铁矿;5.蚀变闪长岩

4)构造标本素描

构造标本素描一般为小构造的素描。观察时,既要注意其一般性,又要注意其特殊性。

褶曲或柔皱需通过对沉积层理的形变、伴生节理、层间劈理、层间破碎、层间拖曳等给予表现，注意它们的相互关系及产出规律。例如，石灰岩多出现垂直于岐在的张节理，纵张则集中于背斜转折端等。裂隙构造重点表现裂隙形态、切错关系、牵引现象等，不应放过任何一点微小的标志性变化。构造岩的素描着重表现它的碎裂特征，重点刻画碎屑的形态、结构及构造，以显示扭裂、张裂、压裂的特点。

5）古生物标本素描

古生物多用线描法，也兼加明暗法。既要掌握其特征，更要按其特征素描。轮廓线需准确无误，掌握虚实相生。廓内纹理用线的粗细、断续、曲直、糙滑皆依古生物体特征而定。例如，肥厚鸮头贝，其壳强烈双凸成扁球体，壳轮廓近圆形，壳纹为细密的圆心线。需用断续而较硬的弧线给予表现。而混生耙笔石因体软，则用柔弱曲线表现。

三、影像素描

1. 概述

概念：指各类地质相片及遥感相片的立体素描。包括露头地质相片、景观地质相片、航空地质相片、航天地质相片等的素描。它可以小到一块标本，也可以大到上千平方千米的区域（航天）。但后者不包括各类遥感相片的解译图。

相片素描一般在室内进行。可据需要对其取舍，因而具有图像更清晰、重点更突出的特征。与景观素描一样，它生动而准确的形象是各种技法的选择运用或多种技法的综合运用的结果。

2. 一般素描法

（1）判读相片内容，解出有关信息，可参阅有关文字资料。

（2）用临写法或摹写法。前者为边看边画，后者为用透明纸透描。透描可准确地控制轮廓。

（3）简化复杂阴影，剔除过多植被及碎石。

（4）遥感相片素描要标地名、方位、比例尺等。地质相片有缺比例尺者，可用间接比例尺，如房屋、树木等。

3. 各类影像素描

1）地质相片素描

地质照片往往景物过多，阴影复杂，主题不鲜，需通过素描剔除这些弊端。假设地质照相为第一次剪裁（取景），那么照片素描则是第二次剪裁（取舍）了。表现方法较多，如明暗衬托法，是将背景画暗，以衬托浅调的主体，反之亦然；还有景物的繁与简、线条的曲与直、用线的柔与硬、物景的远与近，皆可相互衬托。衬托蕴含着对比，对比方见差异。

2）遥感相片素描

遥感相片素描一般用于反映区域地质构造。需建立在对地质内容作深入分析的基础上，对航空与航天相片必须作详细解译,再进行素描。水系用实线,上游细下游粗,而山系多用点,明细点稀,暗面点密(图8-14)。

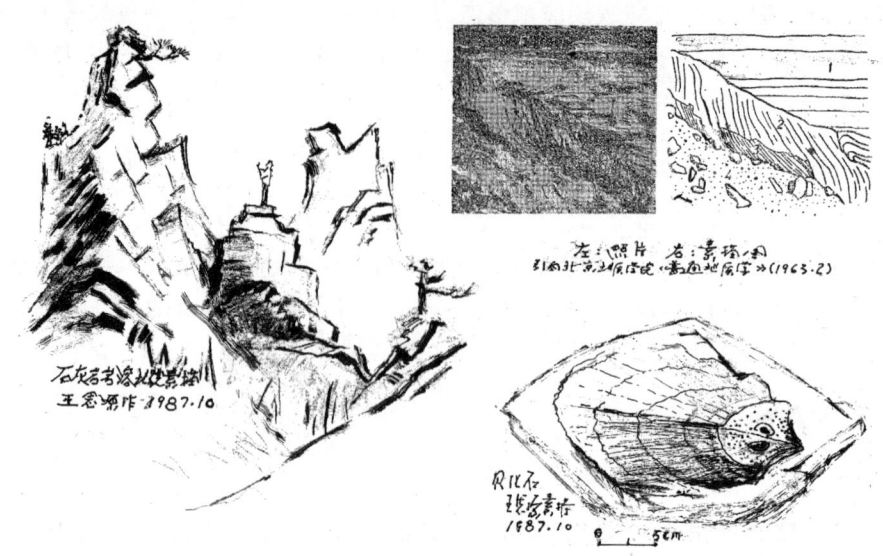

图 8-14 立体型地质素描综合例图

左上图:石灰岩喀斯特地貌(索思素描,1987);右上图:节理构造素描(北京地质学院《普通地质学》,1963);

右下图:化石标本素描(索思素描,1987)

第三节 立体展开型地质素描

一、探槽素描

1. 概述

概念:探槽素描指覆盖区揭露的基岩或矿体探槽的素描,可分缓坡短槽、缓坡长槽、陡坡短槽、陡坡长槽4类的素描。

特点:系某一成矿有利地段的初期山地工程地质编录素描。因经定点、测量、作图,故该类图件有较高精度,简洁清楚,无可有可无之线,是探矿工程的重要原始资料。

技法:借助直尺等简单绘图工具,并徒手勾描作图。首先在地形图上测探槽起点坐标(x、y)及高程(H),然后入槽以皮尺定基线,测地质体和特征点至基线的距离。按比例上图(一般1∶50~1∶200),将各点徒手连结,并加地质花纹。不需过分雕琢,但需用线美观。

2. 各类探槽素描

1)一般探槽素描(包括各类短槽及缓坡长槽)

(1)通常给一壁一底,如两壁地质现象差异显著,需绘两壁一底。槽底可以平均宽度用直线画出,亦可按实际形态用曲线画线。壁、底间留大于1cm的间距,以备注记。

(2)若为一系列平行探槽,原则上绘同侧槽壁。一般南北向者会东壁,东西向者绘北壁,北东向者绘北西壁,北西向者绘北东壁。

(3)素描时,基线上图,各特征点上图,按实际地质体形态连线。

(4)用线描加专用符号表现地质内容。

(5)画出取样(刻槽)位置及样号,标地质产状及其他(图8-15、图8-16)。

图 8-15　江西宜丰同安矿区探槽景观素描

(索思速写,1974.4)

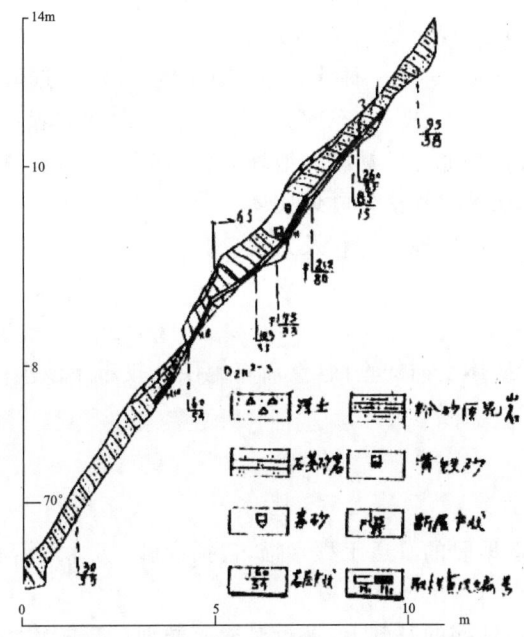

图 8-16　广西南丹芒场矿田 TC389 素描

(据广西第七地质队三分队,1982)

注:探槽倾角为山的坡脚。

2)陡坡长槽素描

(1)将槽壁分段素描,各段间错落成叠瓦状,置槽底一侧,并于探槽末端附一小比例尺示意图,以概全貌。槽底仍水平展布,按一般素描法。

(2)探槽拐弯时,若方位角的改变量 $\Delta\beta<15°$ 时,槽底连续,仍以直线画;$\Delta\beta>15°$,槽底内侧裂开——三角形裂口,以保证槽底直线延伸。

二、探井素描

1. 概述

概念:探井素描指探查重点矿体或地质体的浅井等的工程素描,包括竖井、天井、暗井、小圆井等的素描。

特点:通过垂向的素描,清楚地揭示了岩体与围岩接触带特征、岩体分布特征、构造特征、矿化特征等。精度较高,图像清晰,成为成矿探查的重要原始资料。

技法:在地形图上测坑口坐标(x,y)及高程(H),按预定比例于方格纸上作图,用单线加地质符等法表现地质界线及岩性。清晰界线用实线,模糊界线用虚线;前者如岩体与围岩接触面界线,后者如岩体相带界线。

2. 各类探井素描

1)一般探井素描(包括竖井、天井、暗井)

(1)一般展开四壁或两壁(现象简单时)于同一剖面上。

(2)一般取第一壁(长壁)垂直于矿体走向(与勘探线一致)。选取第一壁的一般原则为:南北向者,取东壁;东西向者,取北壁;北东向者,取北西壁;北西向者,取北东壁。

(3)第一壁标出方位角,其他三壁标相对地理方位,如东、南、西,或北东、南东、南西等。

(4)以皮尺定基线,如探槽素描法勾画地质体。

(5)标明取样位置及样号,标地质产状及其他(图 8-17)。

2)小圆井素描

沿圆井直径作垂直于矿体走向的垂面,然后将地质体投影于该垂面上,作成柱状素描图。

三、坑道素描

1. 概述

概念:指探查重点成矿地段的坑道工程素描,包括穿脉(切脉)、沿脉(顺脉)、斜井、石门等的素描。

特点:是在槽探、井探、钻探的基础上,进行对成矿详细探查的重型工程素描,展现了平面及剖面的立体空间。因而,该类素描资料具有十分重要的价值。它直观地显示了矿体的形态、产状、规模、矿石的类型及围岩蚀变类型等。

技法:用地图定坑口坐标(x,y)及高程(H),借直尺等徒手勾画;因而用线需刚中带柔,曲中有直,最忌软无力的用线。

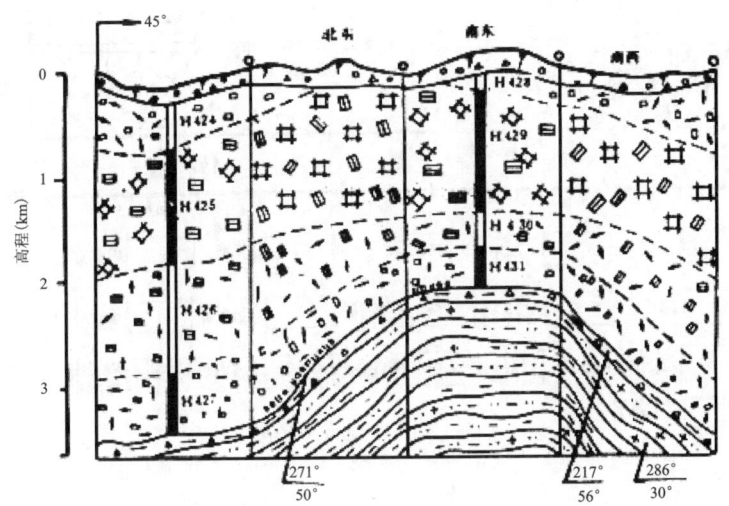

图 8-17　四方探井工程测量作图素描

（据广西第七地质队三分队，1982）

2. 各类坑道素描

1）一般坑道素描

(1)用"压顶法"，即两壁以顶板为对称展平于同一平面上。现象简单时，亦可展一壁一顶。

(2)壁和顶的廓线可按实际形态画，也可用直线画（横卷式）；壁、顶间留出一定间隔。

(3)借助皮尺确定地质体的特征点，按实际形态连点成体。

(4)用单线及专用符号按平面素描法进行素描。

(5)在顶板图上用直线示明设计的掌子面的位置，并将掌子置于素描图一侧。

(6)顶板拐弯处，当方位角改变量 $\Delta\beta<15°$ 时，顶板廓线仍按原方向；反之，内侧裂开，与原方向取直。并在裂开处，用箭头标明改变的方位角。

(7)顶呈弧形时，依产状用投影法素描。

(8)绘取样位置（刻槽），标样号，标地质产状。

(9)标基点，中线桩、零点桩位置——坐标和标高。

2）斜井素描

斜井素描为平巷中的斜巷素描，需标明坡角，其他同一般素描法。单向斜井亦如此素描。

在上述诸工程素描中，当地质体厚度大于 1mm 时，皆应画现，不足 1mm 的矿体，需给予放大表示。

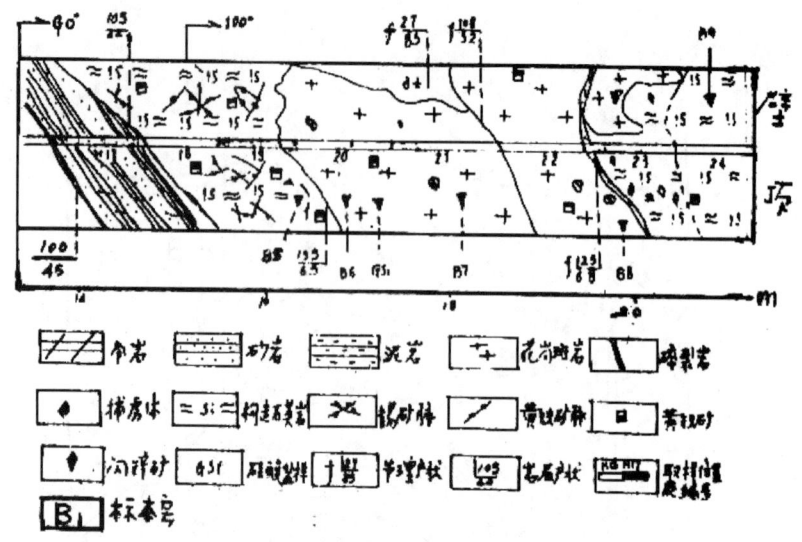

图 8-18　广西南丹芒场矿田 PD-CM4E-W 素描
(据广西第七地质队三分队,1982)

四、钻探素描

由地质研究,结合地表探槽揭露等普查找矿,对某些重点部位做"深部找矿靶区",进而布置深部钻探工程。通过勘探线上一系列钻探岩芯的观察作剖面图,若以素描形式,则称"勘探剖面素描"(图 8-19)。

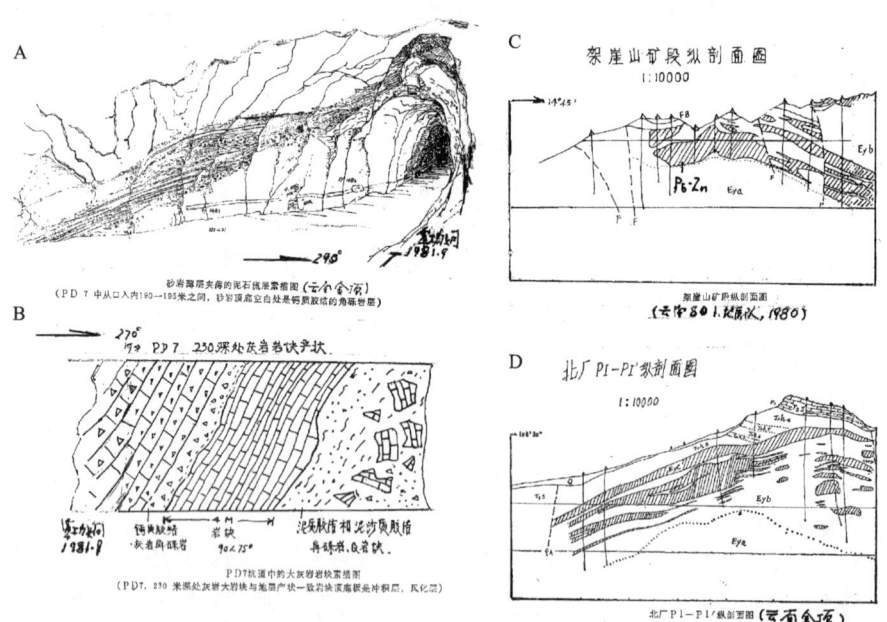

图 8-19　立体展开型(地矿工程)地质素描综合例图(云南金顶)
(覃功炯素描,1981.9)
A.探矿平巷入口景观素描;B.平巷壁素描图;C、D.钻探剖面素描图

第四节 综合型地质素描

一、联合型素描

1. 概述

概念:联合型素描是指面型与面型间或面型与体型间的联合素描。

特点:它清楚地揭示了三维立体空间的地质特征,是形与质的高度体现,为地质素描的重要类型,具有相当的工业应用价值。

技法:主要应用线描技法,对于体面结合者更多用勾皴法及明暗法。在平剖素描中,还常用网格线表示一般矿体,小片平涂表示黑色矿体等。

2. 各类联合素描

1) 平-剖联合素描

概念:平-剖联合素描指平面与剖面的联合素描。可以平面为主体,也可以剖面为主体;在构图上,主体大些,客体小些。

意义:平剖素描综合地体现了平面特征及剖面特征,前者展示了平面上的分配规律,后者揭示了深部的产出特征,多用于构造、岩体、地层、矿体等方面的素描。

画法:先画平面素描图,再按产状画剖面素描图,后者可以在没有天然陡壁的情况下画出,仅以产状——岩层。断层、岩(矿)脉等产状画现。也可先画剖面,再按走向画现平面图。

2) 体-面联合剖面

概念:体-面联合剖面带有立体景观的剖面素描,一般前景为剖面,后景为景观,也称景观剖面素描。

意义:这种素描通过剖面与景观即地质与地貌的相互映照,将二维及三维地质关系展现得惟妙惟肖。通过透视关系及景观的刻画,可以加强空间感及体积感,达到结构紧凑、造型美观的目的,是一种重要的实用的地质素描。

画法:先弄清地质现象及与地貌的关系;再从大轮廓开始,包括剖面轮廓及景观轮廓;嗣画剖面内容——有变化的取之,无变化的舍之,使其成为空白;后对景观进行刻画,可详、可略,自然可施以多种技法。剖面上的岩石、构造、矿体等可用明暗造型法,也可用线描加地质符号表现,后者更易被广大工作者掌握。

3) 联合剖面素描

概念:联合剖面素描沿构造线方向展布的一系列横剖面素描的联合,包括褶皱联合剖面、断裂联合剖面。岩(矿)脉或接触带联合剖面等素描。

意义:这种素描事实上是横剖面与纵剖面素描的联合,它再现了空间上的地质构造的产出特点,包括产状变化、结构面形态变化、力学性质变化等,是建立地质构造模型或矿床地质模型的较好形式。

画法：①用罗盘测构造线总方向，定方位基线；②沿构造线画一系列剖面素描，其间距可相等，也可不等，要特别加强地形线的艺术表现，并注意测标产状；③沿构造线，按地形变化，将结构面顶端以曲线相连，而将底端按构造线的曲度变化，以水平曲线连接，即得纵剖面，它可以是曲面，也可以是平面，也可以是 S 型扭转面；④画出可使各剖面相关联的山、坡、河、路等，使各剖面成为一个整体，并以此加强空间感、真实感及美感；⑤标明各剖面编号及地名，于联合剖面末端标出总方位(图 8-20)。

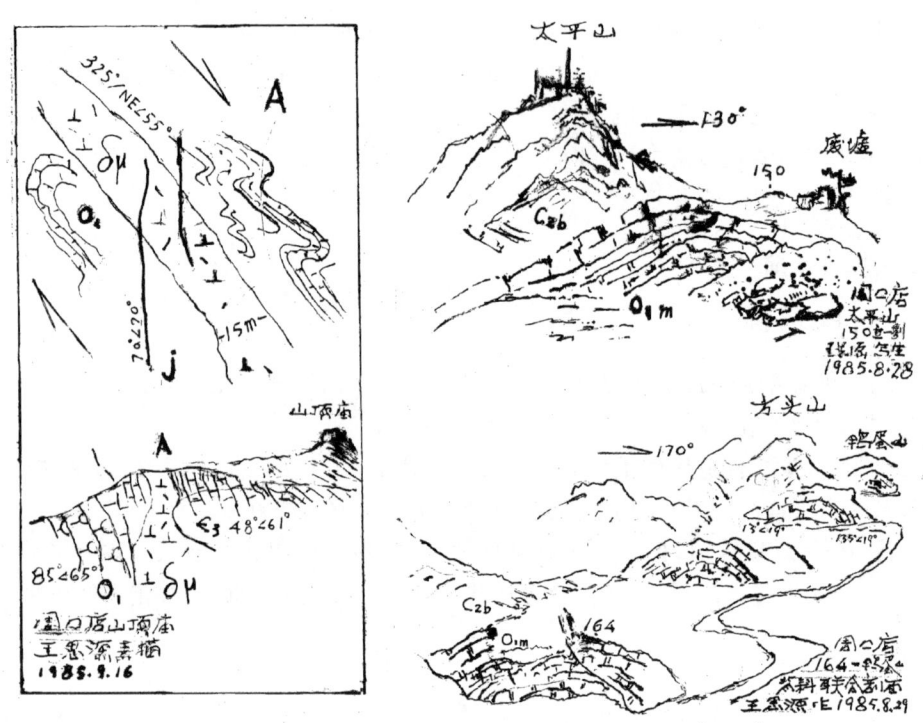

图 8-20 联合素描例图
左图：周口店山顶庙地质平-剖联合素描；右上图：周口店太平山—150 体-剖联合素描；
右下图：周口店 164—鸭尾山背斜联合剖面

二、解析素描

1. 概述

概念：解析素描意指对地质现象的形成机制进行解析的素描图，包括构造解析、岩体解析、成矿解析、外力地质作用解析等的素描。

特点：这类素描揭示形体及有关现象的本质及其形成作用。一般以有指向性的箭头或各类图解给予解析，前者如断盘的动向，后者如应变椭球体的解析。这会简明直观，更优于文字叙述。

技法：以面型素描为主，或面体相兼的素描居多，故主要以线描技法为主，也用勾皴法及明暗法等。用线要任情而不滞，自然而合理，笔法纯熟，神采飞奕；意到笔随，下笔果断，要概括地画出流畅而有运动感的线条(图 8-21)。

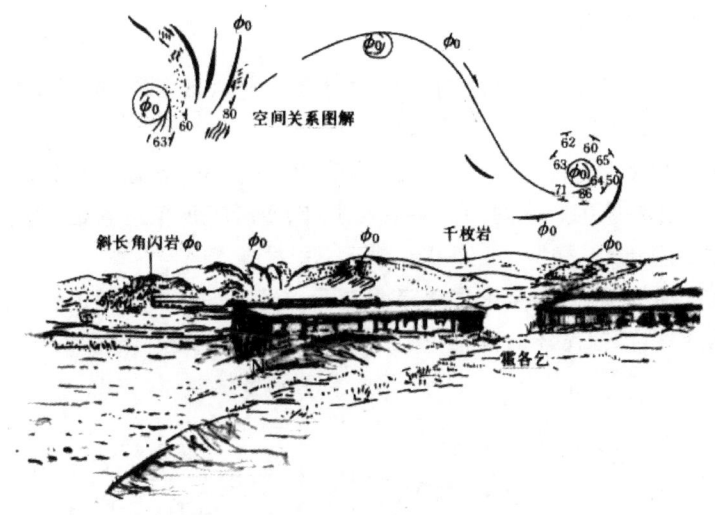

图 8-21　内蒙古狼山霍各乞传递轮型旋卷构造系

(王思源实地素描,1990)

注:斜长角闪岩体为砥柱旋轮。

2. 各类解析素描

1) 构造解析素描

概念:解释构造形成机制的一类素描,包括褶皱、断裂、节理、劈理等素描。

意义:构造形成机制的解释主要取决于对应力作用的分析,其作用方式又主要根据结构面特征及运动方式给予建立。进而采用应变椭球体一类解析图对于各点进行构造素描解析,即为点应力场分析的基础。

画法:①详查构造现象,细索内在关系,给予科学分析;②进行素描构思;③从选位到素描要一气呵成;④画构造解析图及其他(图 8-22)。

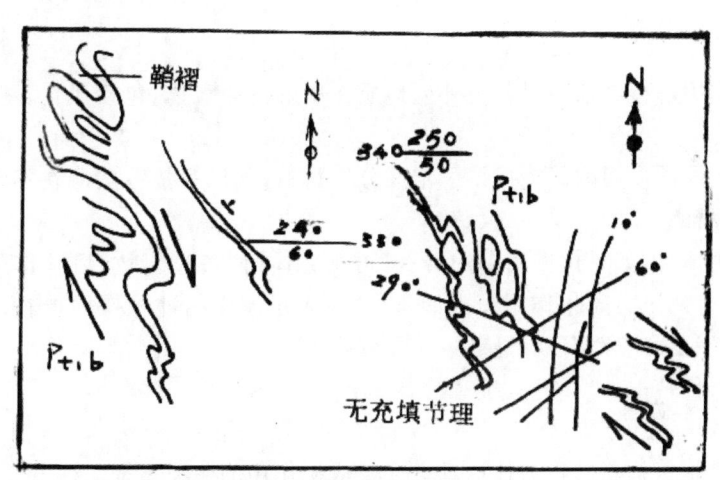

图 8-22　浙江遂昌隆起刘坑河桥北侧八都群(Pt_1b)韧性褶皱剪切带平面素描

(饮水素描,1994.9)

注:揉流褶皱反映右行剪切。

2) 岩体解析素描

概念：岩体解析素描指显示岩浆活动及其作用的一类地质素描，包括相带、接触带、穿插关系等解析素描。

意义：通过对岩体的原生构造，包括流线、流面、捕虏体等的素描，为深入研究岩浆的活动规律提供了依据；通过岩体（脉）间的穿插关系及烘烤、冷凝等现象的素描，为岩浆活动期次的确定提供了形象性的依据。

画法：在一般素描的基础上，重点表现穿插关系，岩相分带，接触带的变质、同化、混染、构造破碎、构造角砾的移位、捕虏体的旋转等。由此，画箭头表示它们的动向及岩浆流体的运动规律（图 8-23）。

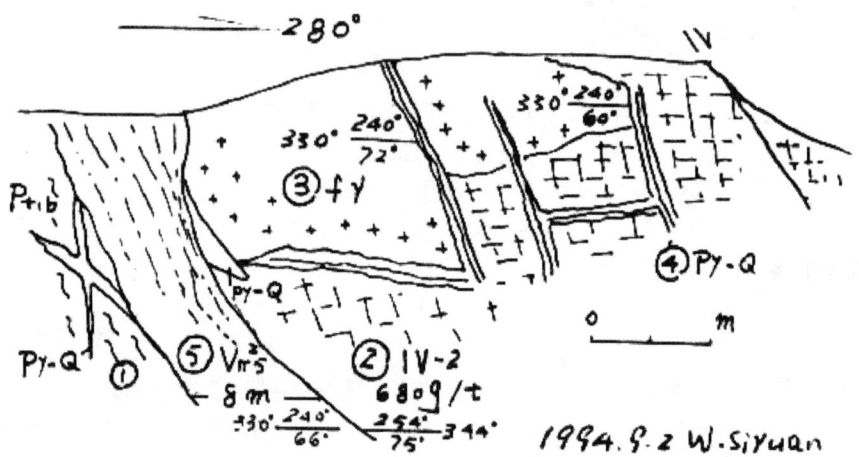

图 8-23　遂昌矿田银坑山矿区 580 平巷硅化剪切带中叠加构造系
①八都群混合岩化剪切片麻岩；②面状—网状矿化型 Au－Ag 矿体；③细粒花岗岩；
④黄铁矿-石英条带脉；⑤燕山早期霏细斑岩脉；①→⑤为地质事件序号

3) 外生作用解析素描

概念：外生作用解析素描指对各类外生地质作用解析的素描，包括风化、剥蚀、搬运、沉积等的素描。

意义：为外生地质作用的研究提供了定性分析材料，这种素描一般应在实地进行，是针对实际现象给予分析的。

画法：先画主体，例如风化作用中的岩石；再画客体，例各种岩块；后画作用机理；例如以箭头表示膨缩交替的热力风化作用。再如，以箭头表示流水的冲积作用，拍岩流浪的冲刷作用等。箭头的应用要自然而有动势感。

4) 成矿解析素描

概念：成矿解析素描指解析流体活动方式及成矿作用的一类素描。

意义：定性显示各类成矿流体的迁移方向，进而分析它们的迁移条件，例如构造通道、温度、压力、氧化还原电位、氢离子浓度等，为成矿作用提供了解析资料。

画法：在对现象分析的基础上，画出迁移通道及矿体，然后以箭头沿通道表示迁移方向，并写明迁移物质——Cu^{2+}、Zn^{2+}、S^{2-}、HS^-等(图8-24)。

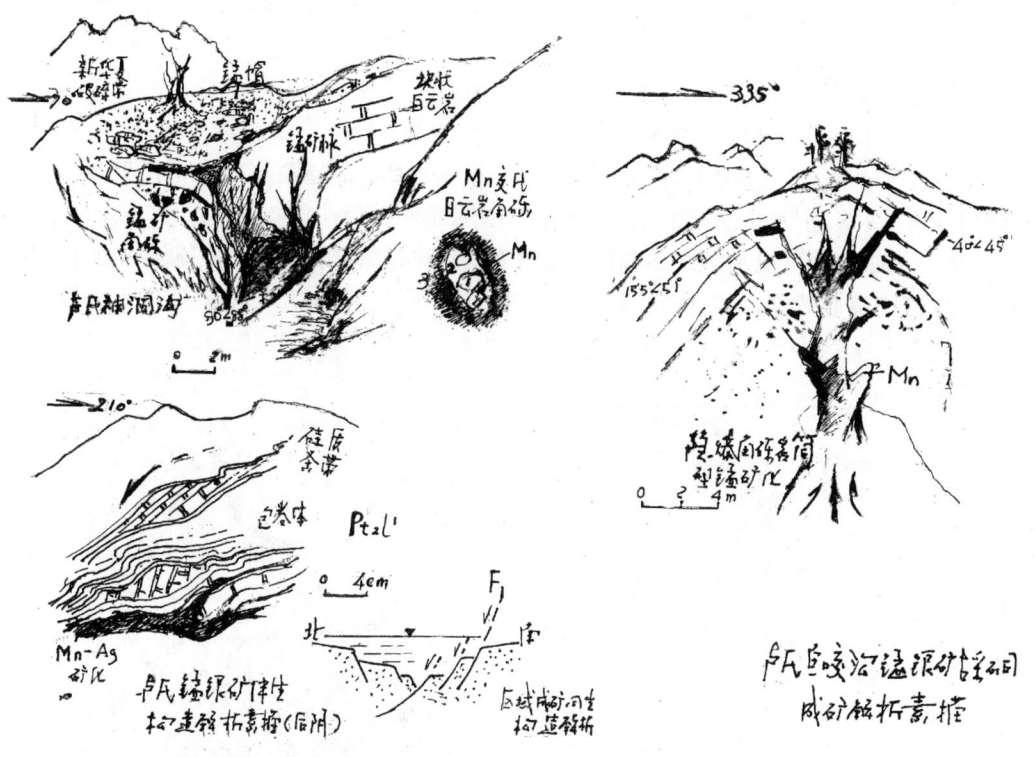

图8-24　解析素描例图(河南卢氏)
(索思素描,1992.2)
左上图：锰银矿古采场洞口素描；左下图：锰银矿同生滑塌包卷体构造；
右图：古采硐中所见隐爆角砾岩筒型锰银矿化

三、特写素描

1. 概述

概念：特写素描对单位整体的局部细节，通过放大而详细刻画的地质素描。其自电影转化而来，可分个体特写与全景特写两类。

特点：对某一细节可造成强烈而清晰的视觉形象，得到突出和强调的效果。结合有效的取舍，使特写有更独特的表现力。

技法：取近或极近距离，用大或特大比例尺素描。可画平面型，也可画立体型。因此，线描、勾皴、明暗各种技法皆用之，视具体情况而定之。

2. 各类特写素描

1) 局部特写素描

概念：仅对某种特殊而规模较小的地质现象，放大精度的素描，如交错层理、砂砾层韵律、旋卷构造、揉皱、矿脉等。

意义:该类素描,取景距离极近,可排除后方若干杂物,集中精力刻画主体;使读者可清楚而集中地了解立体本身,而不被其他可有可无的现象混淆视力。

画法:紧抓特写现象本身,舍掉大量纷繁之物,但尽可能给予体积或空间的表现。

2) 全景特写素描

概念:在全景素描基础上,附加某一特征现象的素描。

意义:在了解全貌的基础上,进而详查局部,由此探索局部现象产出的地质背景。全景可以是立体型的景观,也可是面型的全貌,故各类技法皆可应用。

画法:先画全景,再对其中因比例尺小而不清的局部现象给予放大,并置于全景图一侧或一角,用矩形或圆形圈定,用箭头或符号给予指示,例如用 A、B 之类在全景图上标定特写的位置(图 8-25)。

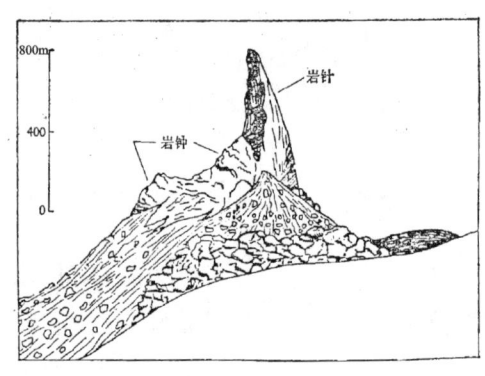

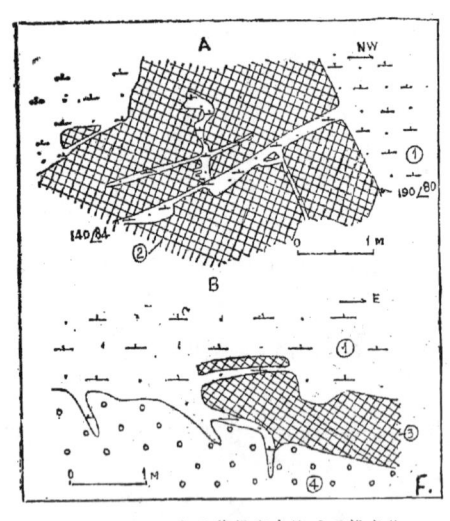

图 8-25　特写素描例图

左上图:1903 年 4 月形成的培雷山巨大岩针和岩钟素描图(据 Lacroix,1904);左下图:湖北铁山斑状含石英闪岩中铁矿石捕虏体(石准立、金振民等,1983.10);右图:湖北黄石市中三叠统灰岩拉张破碎带充填沉积上三叠统蒲圻组紫色粉质粉砂岩

第九章 地学模式素描

模式,系反映事物本质及规律的一种标准样式。地学模式素描,是反映地球科学领域中,各种现象的时间、空间、物质、动力、作用演化规律的素描形态展示。大至全球,中至区域,小至矿物,皆可模式化。模式素描可分为分布规律模式素描、演化规律模式素描、成因模式素描。

地学模式,是地球科学家研究地球某些课题的理论归纳。将这些理论结果用图或表显示,就是模式图,或模式表。这些模式图用素描技法画出来,就是"模式素描图"。

第一节 地形地理模式素描

将"地形素描图"与"等高线地形图"相结合,构成"地形地理模式素描"。这种素描图,给人以形象直观感(图9-1)。

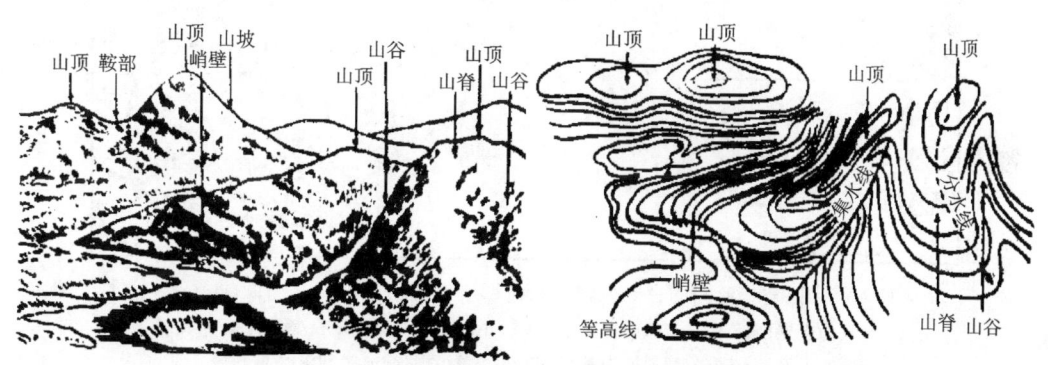

图 9-1 地理地形等高线与地形对照素描

(引自《地理》湖北人民出版社,1980)

同条等高线标高相同,因此是圈闭曲线。等高线越密,说明地形越陡

第二节 全球板块模式素描

地球,实际是个破碎的球体。大陆壳是由上部硅铝层(Si—Al)及下部硅镁层(Si—Mg)构成,而大洋壳只有硅镁层。

由图(图9-2、图9-3)显示时期为太古宙末(25亿年),片麻岩地壳开始拉涨破裂成大型块体。其后,25亿~18亿年间,陆板块间开始拉涨,板间接受古元古代的沉积及岩浆活动,其后挤压造山,发生区域变质带。中元古代开始,拗陷带拉张接受较广泛的浅海沉积。

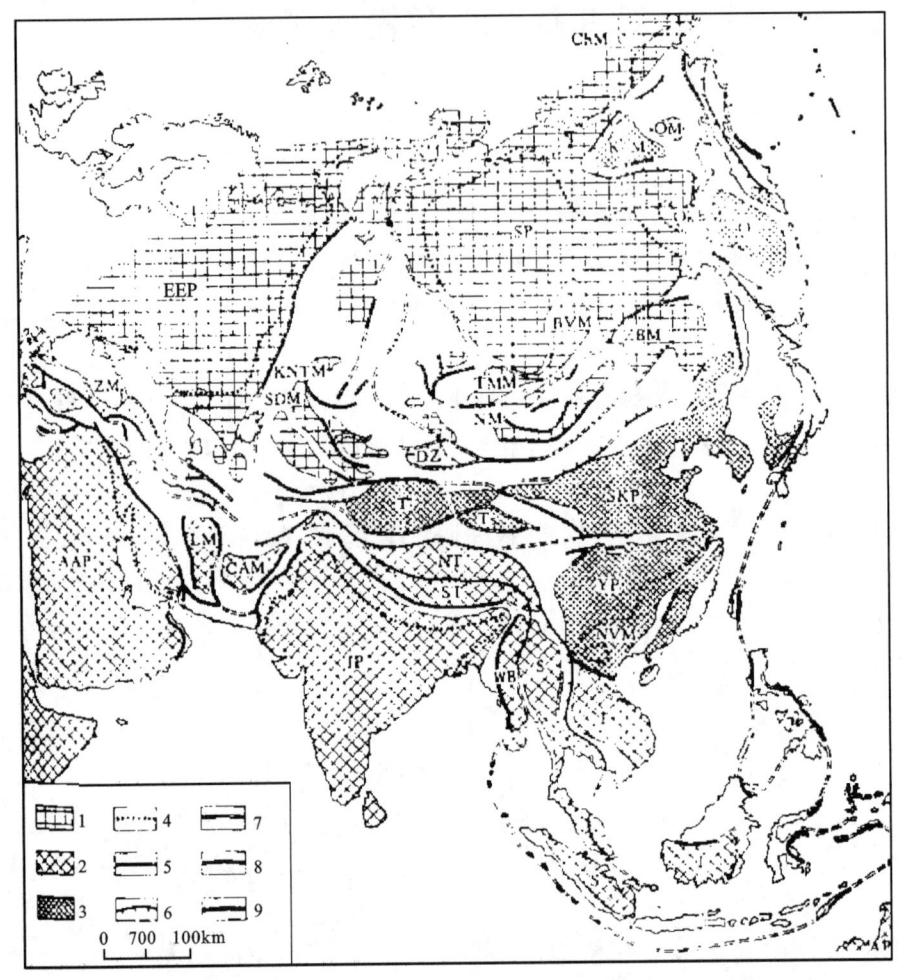

图9-2 亚洲的古老大陆块和蛇绿岩带(据Yanshinetal.,1984)

1~3.为老克拉通,包括镶边的冒地槽带和较小的中间地块。1.劳亚大陆;2.冈瓦纳大陆;3.太平洋大陆;4.冒地槽带外界;5~9.主要的蛇绿岩带和混杂堆积带。SP.西贝利亚地台;EEP.东欧地台;OM.鄂莫隆地块;KNTM.哈萨克斯坦地块和北天山地块;SDM.锡尔达利亚地块;DZ.准噶尔地块;TMM.土瓦-蒙古地块;NM.北蒙古地块;BVM.贝加尔-维蒂姆地块;BM.泽雅-布列亚地块;ZM.外高加索地块;T.塔里木地台;SKP.中朝地台;YP.扬子地台;NVM.北越地块;NT.藏北地块;ST.藏南地块;AAP.非洲-阿拉伯地台;LM.卢特地块;CAM.中阿富汗地块;IP.印度地台;
WB.西缅甸地块;S.中缅甸地块;I.印支地块

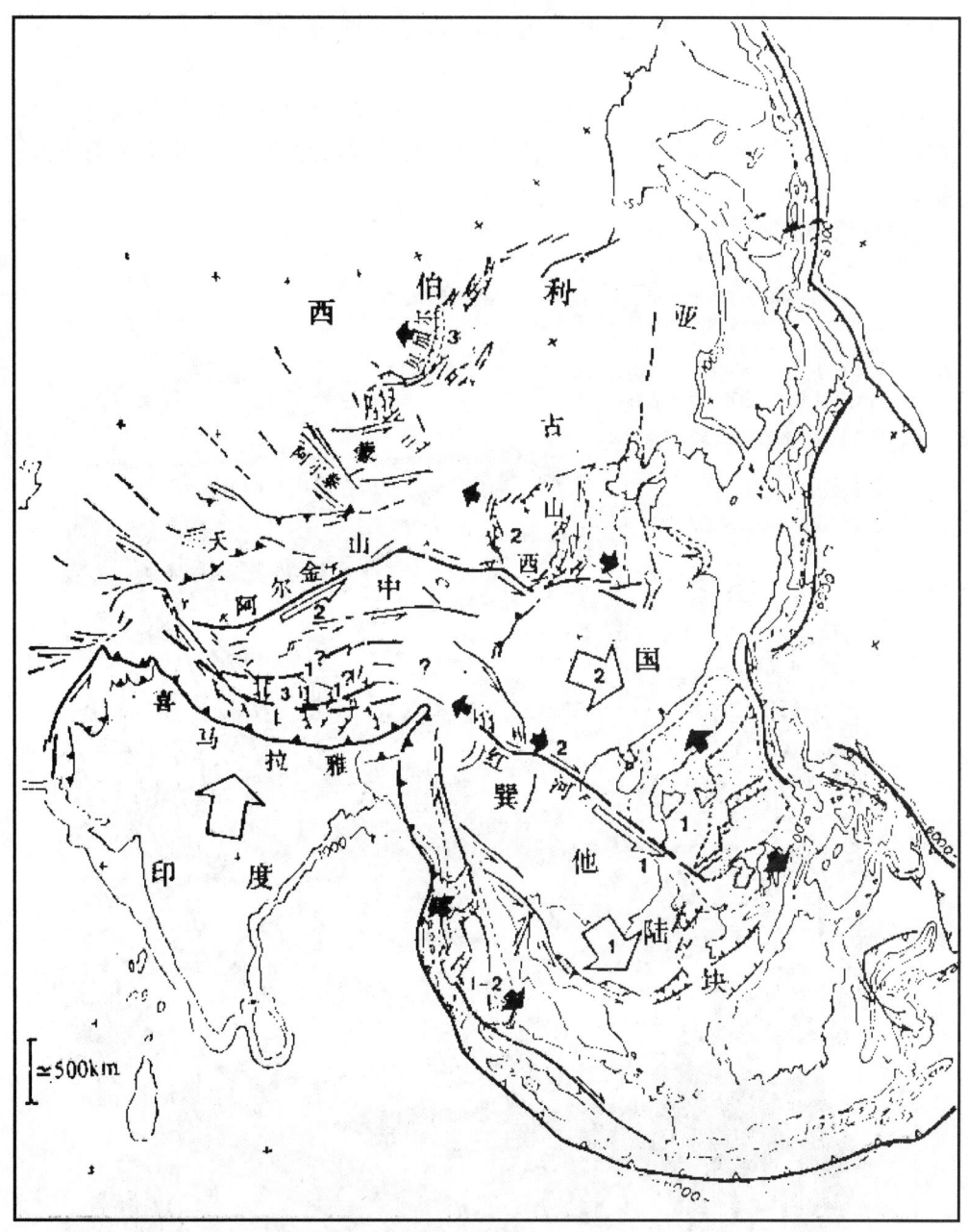

图 9-3 印度-欧亚大陆碰撞在亚洲东部引起的应变图式(据 Tapponict,1982)
空心箭头代表各地块自始新世以来相对于西伯利亚的运动方向,数字表示时间。1 为 70～50Ma;2 为 17～3Ma
为最近发生,还在进一步发展;对于红河断裂及其以南的断裂位移方向只代表新近纪中期的情况的地壳运动

第三节 生物演化模式素描

由有机生命元素,聚集构成单细胞的简单生命,进而随细胞不断分裂,形成复杂的多细胞生物体。①由低级到高级;②由水生到陆生;③由无脊椎到脊椎动物;④由无智能动物进化到智能动物。

生物演化素描图详见图9-4。

图9-4 生物演化之路

第四节 区域矿化模式素描

区域矿化模式素描图详见 9-5。

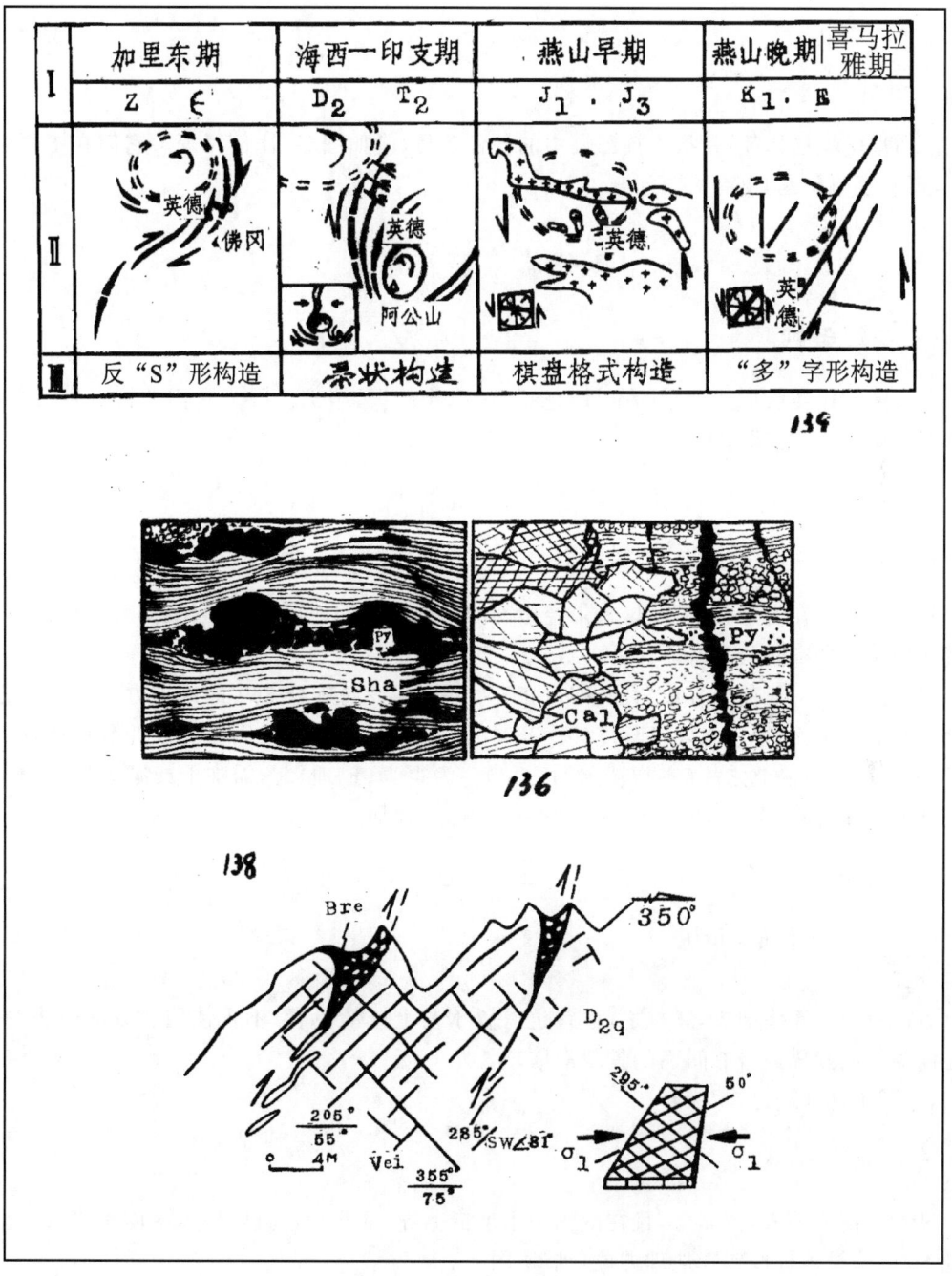

图 9-5 粤北硫铁矿区域成矿历史模式图
（饮水素描，1982）

第十章 地学素描条款结构

所谓地学素描条款,是指素描图幅中的各种条目,诸如图名、比例尺等。它们在图幅中的位置,既有规范问题,也有构图问题。

第一节 条款内容

一、花纹条款

花纹条款以花纹形式存在的条目,包括方位、比例尺、图例。因为它们的特点类"图",故其位置皆需紧靠素描图。

1. 方位

1)概述

示地质体所在的空间位置里,凡未经搬动的天然产出的地质体,其素描图皆应标注方位,以确定地质体的空间分布特征。

素描图方位一般使用方位角法,即以正北为 $0°$,顺针向旋分 $360°$ 的地理方位。使用方位角地质罗盘测定,但罗盘之度盘刻度($0\sim360°$)是按反针标定的,是因为若令托盘作顺针向旋转,则北针永远指磁北之故(实指转定的方位)。为得真(地理)北,需加上或减去磁偏角。若设真北为 β,磁偏角为 θ,则 $\beta = 360°\pm\theta$ 西偏减,东偏加。

2)表示法

(1)箭头加方位角,示为

→20°

方位角置于箭头前方,紧靠之,往昔也有置于箭上或箭下者,不再使用。该标向法,一般用于露头剖面素描或带有间面的景观素描。

(2)箭头加地理北,示为:

N
↑

N 置于箭头前方,紧靠之,且在图幅中永远指上方(真北)。前已描述,平面素描仅定上方为北,故构造线等皆按实际地理方位角展于图上。

(3)双向标注法,不加箭向,只在剖面两端用 N—S,或 E—W,或 NE30°~SW210°表示,两者差 180°,多用于路线剖面。

(4)空间标向法,用十字标北或单向标北的方法,一般斜向放置,仅用于景观素描图。其方法是,仍按原作图方向放置素描图,将罗盘放置素描图上,转动罗盘托盘,直至北针指 N 上,标此方位。也可以单箭加任意方位角,直指素描图中心。

2. 比例尺

1)概述

比例尺它是衡量实际地质规模的尺度。

地质素描图是地质科技不可缺少的技术资料,故它需有可供度量地质体大小的比例尺。若以 S 表比例尺,M 表素描图长,B 表地质体长,则:

$$S = \frac{M}{B}$$

除立体展开型地质素描图先定比例尺后作图外,其他皆先画图后定比例尺。因为图先以大轮廓控,大轮廓取决于所用图纸的大小,故其比例尺预先无法确定,即使定了,亦受限制,就是说,在有限的图纸内,图或过大,或过小,难以达到正确构图目的。

定法:素描毕,量图长及实长,后者若是远距离景观图的,可目估实长,统一单位,代入比例尺公式中计算。可按精度要求,保留小数的位数。

2)表示法

(1)计算比例尺:包括线段比例尺或数字比例尺,如下所示

0　1　2　3　4　5m　　　1:100

前者在全图缩放过程中,其长度与素描图长度同步变化,故其比值保持不变,因而被地质素描广泛采用;后者不具备这种特点,一般不被地质素描使用。

(2)直观比例尺:包括实际标距和实物定比。实际标距意谓着以直线比例尺跨过素描图长或高,即水平比例尺或垂直比例尺,广泛用于探矿工程素描,也用于平面型地质素描的野外快速作图。实物定比意指实物作比例尺,常用铁锤、罗盘、放大镜作比,对大型景观素描也常以人、物(房屋、桥梁)等作比,这种比例尺多应用于立体型地质素描,也用于平面型及综合型地质素描,它不但给了比例尺作用,而且活跃了画面,增强了空间感。

(3)透视比例尺:以透视图的最近物体的前沿界线定比例。其中,平行透视用前沿水平边长,成角透视用前缘棱高。因为在透视图中它们是唯一不变的线段。通过换算,画出线段比例尺,然后用透视分割法去度量透高线段长。多用于景观素描。另外,景观素描也用透视变化的实物作相对比例尺,例如汽车、电杆、树木、铁轨、人物等,以增强空间感。

3. 图例

1)概述

图例是集中指明素描主体的花纹、代号等意义的部分。

与其他图件一样,地质素描图须有可供读图的图例,多用矩形圈定,所以也称图例框图。

2)表示法

(1)花纹图例:有岩性花纹,如十字花纹示花岗岩;有构造花纹,如直线加箭标示断层;有地貌花纹,如曲线花纹示河流等。

(2)地质代号图例:有时代代号,如 C_3t 代晚石炭世太原期,有岩性时代符号,如 γ_5^3 代中生代燕山晚期花岗岩;有构造代号,如 ap 代轴面;有矿物代号,如 Sp 代闪锌矿等。

(3)指示性图例:常用 1、2、3、……阿拉伯数字,也用Ⅰ、Ⅱ、Ⅲ、……罗马数字,还用 A、B、C、……拉丁字母表示,置于素描图中所重要说明的内容。

上述图例,尤其是花纹及代号,一般以小方框裹之,按地层、岩体、构造、矿产顺序编排,并给予 1、2、3、……的编号,以备在文字条款中按序注解(图注)。

二、文字条款

是以文字形式而存在的条款。它们是书写的或排字印刷的。因为它们是"字",其特点与"图"迥异。所以距素描主体稍远,包括图名、图注、落款。

1. 图名

1)概述

图名是点明并概括主题的,故应明确、简练、全面、名副其实,使读者能一目了然。

2)命名法

命名的基本原则是:

图名＝地名＋内容＋形式

例如"北京周口店太平山向斜景观素描图"中"北京周口店"是地名,"太平山向斜"是内容,"景观素描"是形式。再如:"广东马口黄铁矿矿床 3 号矿体剖面素描图"中"广东马口"是地名,"黄铁矿矿床 3 号矿体"是内容,"剖面素描"则是形式。

图名中的 3 层含义缺一皆属"残疾",遗憾的是,目前这种"残疾"常见不鲜。

2. 图注

1)概述

图注是图例的文字说明,是读图的重要"向导"。因此,要求语言简练,含义明确,层次清楚。

2)注解法

基本原则是,按图例编号 1、2、3……顺序注解,编号与文字间、文字与编号间皆以标点分隔,下例为一常用模式。

1—石炭系;2—石灰岩;3—背斜轴

取两侧对称排列。这种或类似这种的模式,是论文及书稿的插图所必须遵守的,在平时的基本练习中,就应注意这一点。

3. 落款

1）概述

落款指素描的"时间、人物、地点"，就是素描的年、月、日，素描地点，素描者的姓名。素描年代的注明，给出了那个年代的地质体面貌；许多地质体面貌是在瞬间变化着的，例如矿山景观，人工开采的掌子面等；故作为时代记录的素描时代不可少。素描者，是素描图的创造者，也应是负责者，交到社会上的图件资料，作者是负有责任的，需注明，便于读者查询。地点在若图名体现了，可省略。

2）表示法

若为作者本人的素描，引用时，可注于图名正下方的括号中，括号中的年代与作者间用逗号隔开。平时素描，可顺手将年代、姓名书写于图中右下角，作为素描图的有机组成部分。此种的标注相当于"花纹条款"（图10-1）。

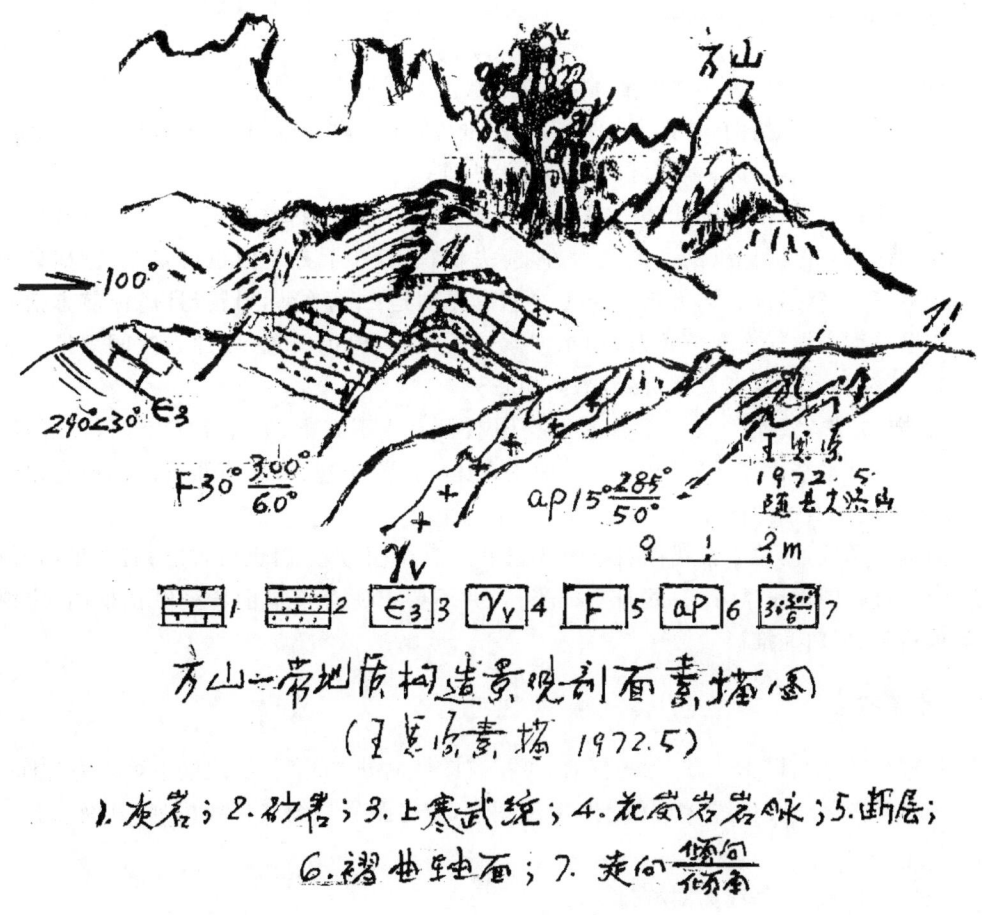

图 10-1　地质素描图幅结构示意图

第二节 技术规范

一、印刷式

印刷式是供排版印刷用的技术规范,具有庄重、整齐、大方、美观、洁净的特点。

地质素描大量用于插图。当代出版界插图排版分"图"与"文字"两部分,前者为照相制版,后者由排字印刷。因为照相过程中的缩与放,直接影响了图幅的规模,表现为素描图的各线条的同比例缩与放,故要求同比例缩与放的"花纹条款"应放于素描图附近,成为素描主体的亲缘部分,一并受到缩与放。而将"文字条款"置于素描图的正下方,以排铅字解决之。由此,可排除图中写字的麻烦,并净化了素描图,使其变得简洁、整齐、正规。有时素描图中可有少量文字,如山名,可由植字(印刷体)给予解决。

印刷式即按印刷要求排布素描图、方位、比例尺、图例、图名(题)、落款、图注等。这既有构图问题,也有统一规范,基本图式如下。

1. 花纹条款

花纹条款,放于图框之内,无图框者,以置于素描图附近为原则。

(1)素描图位置:素描图系"图"的主体,在图框中,其位置可略偏上,下方留出一定空间。以备放置有关花纹条款。无框者,可以方形纸沿为准。

(2)方位箭标位置:平面图,其方位箭标位于素描图右上方;特殊情况,如左上方空白也可置之,例如剖面图方位箭标于剖面的左上方,箭头朝右;若右下方空白也可置之,例如景观素描图方位箭标位于素描图右下方或左下方。基本原则是:十字箭标斜置,且箭标前方指向图的内部,或以单箭头加任意方位角,箭向指向素描图中心,但仍斜置,以加强空间效果。探矿工程素描方位箭标置于起点及转折处,箭向朝右。

(3)比例尺位置:线比例尺一般置于素描图右下方或正方下;若左下方空白,也可置之。探矿工程素描,其水平比例尺放于正下方,而垂直比例尺放于左方,所有素描图的所有比例尺不应把比例尺放到素描图的上方。

(4)图例框图位置:位于素描图右下方或正下方;若左下方空白也可置之;若图框内太挤,以特殊情况,置于图框正下方,一线排列。当然,并不要求所有素描图皆列图例框图,应视具体情况,以清楚、明白为准。

2. 文字条款

文字条款,放于图框正下方,无图框者,可视有图框而处之,统一以图框中垂线为对称。

(1)图号及图名(题)位置:作为插图,应编图号,需将图号与图名一线排列,其间隔为一字距离。

两者总体以图框中垂线为对称排布。

(2)落款位置:图号加图名的正下方,图圆括号括之。

(3)图注位置:落款的正下方,按图例编号顺序逐一加注;无编号者,则直接注图内数码、代号或字母。

二、记录式

为实际记录方便而应用的较灵活的条款格式,它是长期以来形成的一种较稳定的记录格式,便于野外记录簿上作图及书写。其基本图式如下。

(1)**素描图位置**:在图框正中。

(2)**图名(题)位置**:在素描图正上方,也视空白大小,或偏左,或偏右。

(3)**方位箭标位置**:平面素描在右上方,剖面素描的在左上方(朝右),包括景观素描的在内,其旋转的基本原则同印刷式。

(4)**比例尺位置**:在图名正下方,可用数字的,也可用线段的,或用横跨比例尺。

(5)**图例框图位置**:在素描图下方,视空白情况,可偏左或偏右。

(6)**图注位置**:位于图例框图之后,要简练。

(7)**落款位置**:在素描图右下方,紧靠素描图主体。

总之,以安排紧凑为原则,总体不失均衡。最忌各部分间摆布松散,甚至中心空荡,边缘**拥塞**,造成了结构"膨胀";或者过分紧缩,主体过小,造成主次不清。

此外,记录式只供实际记录用,若引用作论文或报告等的插图,必须转化为印刷式。这样,需对原记录图进行条款结构的调整,这一点非常重要。

第十一章　地学素描研究途径

如何素描地景、地体、地像？这里面不仅有实践问题,更有理论问题、技法问题,理论、技法、实践三者缺一不可。新理论、新技法、新作品只能是在原有基础上的提高。不重视上述三者的学习与研究,或只注重单方面的学习与研究,也只能是盲人摸象罢了。

第一节　理论研究途径

一、应用美术理论途径

"地学素描是美术"或"地学素描是绘画",这种理解对地学素描存在误解与偏见。试想,一位艺术建筑师或一位绘画大师并不就是地学素描家。关键在于,地学素描是地球的,属科技范畴。

地学素描既然是关于地球的造型艺术,又与美术有千丝万缕的联系。它包括理论及技法方面的。从这个角度讲,具备美术基础的更易掌握地学素描法,不具此基础的应努力向此方面进取。

在浩瀚的中国画卷中,可供取法的著作很多,如五代荆浩(约850—911年)的《笔记法》,北宋韩拙的《山水纯全集》,明代周德中的《绘事指蒙》,清代沈宗骞的《芥舟学画编》,清代王概等的《芥子园画谱》,清末民初马骀的《马骀画宝》等。这些皆有精粹的论述。

《芥舟学画编》论笔墨:"笔为墨帅,墨为笔充,有妙笔乌得无妙墨以充其用邪？且笔之所承,亦即墨之所至"。强调以笔为骨,用笔得法,其造型方能达炉火纯青,地质素描也不例外。

德国费朗索瓦的《神游——中国绘画一千年》论:"评判一幅作品的优劣,中国审美学家们同样求助于众多的美学标准。然而评判的最高标准却是'真',且作品的最终审定还要依照两条同样苛刻严厉的标准,即意情和神韵。也就是说,要求实,有内容,有气势。

诸如此类,不胜枚举。地质素描学需从画论中吸取营养,来充实自己。

二、应用透视理论途径

正确的立体感及空间感的建立,只能靠正确处理透视关系,它渗透于每条微小的线,因而也是微小的体,概因为它们皆处于透视场中,透视构图贯穿于整个素描过程。

精确的基础透视作图是掌握一般透视素描作图的关键。故基础练习不可少,这正如基本数学题的建立,舍此,不能处理复杂的透视关系。

透视规律的探索,必须加强透视现象的观察以及透视实体写生,先从规则几何体的个体或群体开始,例如各类建筑群体,然后才能驾驭复杂的不规则几何体。

大量不规则几何地质体及其空间关系的表现是在这些规则几何体的控制下而作出的。但这是远远不够的,而紧要的是形体内的各结构部分的素描,也必须符合总体的透视关系。

人类对透视现象很久之前已发现并有论述。

南朝宗炳(375—443年)著《画山水序》中云:"竖划三寸,当千仞之高;横墨数尺,体百里之迥"。指出了透视现象并论述了透视原理及验证方法。

北宋沈括(1031—1005年)著《梦溪笔谈》,计609篇,其中《书画》一文说:"大都山水之法,盖以大观小,如人观假山耳,若同真山之法以下望上,只合见一重山,岂可重重悉见,兼不应见其溪谷事,又如屋舍。亦不应见其中庭及后巷中事。"这揭示了视平线高低变化、仰俯变化及仰俯取景对同一被写对象所产生的不同效果。

13世纪波兰学者是维贴罗论著有805条关于透视的结论。至文艺复兴时代,列昂·巴替斯塔·阿尔伯蒂在《绘画论》(1435年)中又强调指出:"我希望画家应当通晓全部自由艺术,但我首先希望他们精通几何学"。继而,皮也罗·德拉·佛兰切斯卡(1416—1492年)成功地写出了《绘画透视学》(1485年)。他们皆将数学法则应用于透视画法上,为透视作图奠定了理论基础及定量依据。

透视学是机械制图、建筑设计、绘画写生、地质素描的理论基础,只有拿起这个工具,才能使体积与空间在可视平面上得以体现。

三、应用光学理论途径

质量感及空间感需要通过光学作用及物质属性间的关联而建立。研究在不同季节、不同天气、不同时间中的大气对光的吸收、反射、折射、透射、散射作用,是表现地质体清晰变化的基础。注意在广阔的山野中或其他开阔地带进行观察记录,是掌握这种变化的重要途径、此处给出如下记录表格(表11-1)。

表11-1 色彩透视记录表

季节		春	夏	秋	冬
天气		晴阴雨	晴阴雨	晴阴雨	晴阴雨
色彩	远				
	中				
	近				

近实远虚、近浓远淡、近强远弱是大气对物体反射光作用的结果。空气透视定律已经表明了这种变化是连续的。其变化在色度上可以虚实度表示,为应用方便,将虚实度由近及远分为十级:

10—最实,9—极实,8—实,7—较实,6—略实,5—略虚,4—较虚,3—虚,2—极虚,1—最虚。

对此,以不同粗细线条,不同浓淡色调进行虚实表现,基本练习应由此始。

景观地质素描图如果未能表现出天空的辽阔,地面的深远,就失去了最起码的空间感。天地相比,天空中色彩粒子的漫射及散射能力强,故色淡。而地面各类地质体主要表现为吸收,所以地物色重而清晰。一般来说,天空要充分利用纸色,用笔轻,调子轻,线条虚,以表现旷远。

光与体积的表现密切相关。明暗对比,实际上不同面间反光度的对比。反光度以亮度度量,同一光场中反光愈强,亮度愈大。有下列亮度公式:

$$L = \frac{dI}{dA\cos\theta}$$

式中,L 为 dA 的亮度;dA 为反光无限小面积;dI 为 dA 上光强度;θ 为光对 dA 的反射角或入射角。入射角 θ——入射光与 dA 法线之夹角取决于物体面的空间方位。θ 愈大,亮度则愈大;反之,愈小。此为以不同弯曲的线及不同明暗的面表现凹凸的理论基础。显然,凹凸面间的明暗是渐变的。

上述皆与大气光学及基础的几何学光、物理光学有可通之处。

文艺复兴时代的佛罗伦萨派极重视光影作用,中国古代也有光与造型关系的论述。

晋代顾恺之(343—405)的《画云台山记》述:"山有面,则背方有影"。又云:"下为涧,物影皆倒"。这是因光生影的论述。

唐代王维(699—759)的《山水论》云:"远人无目,远树无枝,远山无枝,远山无石,隐隐如眉;远水远波,高与云齐。"又:"凡画树木,远者疏平,近者高密"。这是空气透视的论述。

达·芬奇(1452—1510)论光、影、色:"论明与暗——光和影,再加上透视缩形的表现,构成绘画艺术的主要长处"。他认为,利用明暗使平面呈现浮雕感,是最神奇的。又论:"只有阴影或只有亮光,那么物体的细部就很难看得清楚"。这强调了明暗对比作用。

这些论述,给出了地学素描研究的一个途径,也显示了素描艺术是自然的科学。

四、应用色彩理论途径

地质素描以黑白为主,但表现的却是不同色彩的地质体。所以,色彩与素描的关系是研究的问题之一。

地质体的色彩与物质属性及其对光的作用有关,一般情况为:

$$总投射光 = 吸收光 + 反射光 + 透射光$$

一般地质体的透射光近于零。

对白色光分解,并选择吸收某种单色光,因而有部分反射某些单色混合光的地质体为彩色地体。如红色花岗岩仅反射红光而吸收了其他光。

对白色光无分解能力的为消色地质体。或全反射,或全吸收,或反射、吸收皆能之。前者为白体,如大理岩、白云岩、石英岩、白岗岩等;中者为黑体,如煤、碳质页岩、玄武岩等;后者为灰体,如灰岩、闪长岩等。

上述皆为地质体的固有色,但尚有环境色及光源色作用,其关系为:

$$地体色体 = 固有色 + 环境色 + 光源色$$

其中,固有色是主导,视觉中的色彩实际上是综合表现的色相。

地学素描的任务就是用不同灰度(阶)表现它们,一般情况,按白、黄、橙、红、紫、蓝、绿、黑的顺序,灰度加大。

达·芬奇指出:"物体的表面愈不光滑,愈能显示真色"。又说:"若物体表面很光滑,则难呈真色。"这指明色相与物质属性有关。

五、应用构图理论途径

古人云:"不以规矩,不能成方圆。"地学素描不能离开构图,构图常是作品成败的关键,是作者美学修养的重要体现。

地学素描构图,是地学素描艺术表现技巧的重要方面。主题确定后,须据主题要求,对地质体形态,与其他地质体的透视关系,表现形式,素描技法、色调、取舍,乃至各种条款来一番周密计划,统一安排,使之主次分明,各得其所,被称为构思。

构思是构图的准备阶段。"动笔"才是构图的实施,而且贯穿于整个素描过程,乃至一根线的表现。

在中国传统绘画中,构图称为"章法""布置""布局""经营位置""置陈布势""画之总要"等,前人对此作了大量探讨,积累了丰富经验,为地质素描构图提供了借鉴。

晋代顾恺之论:"寻其置陈布势,是达画之变也。"是指出变化存在于构图中。

五代—宋初李成(919—967)的《山水诀》述:"先立宾主之位,决定远近之形,然后穿凿景物,摆布高低"。这为构图的一般过程。

宋代饶自然的《绘宗十二忌》:"须上下空阔,四旁疏通,庶几潇洒;若充天塞地,满幅画了,便不风致。此第一事也"。这是讲构图最忌构图迫塞,不留天地。

清代沈宗骞的《芥舟学画编》:"凡作一图,若不先定主见,漫为填补,东添西凑,使一局物色,各不相顾,最是大病。"即指出全面筹划的重要性。

清代邹一佳的《山水画谱》:"章法者,以一幅之大势而言,幅无大小,必分宾主;一实一虚,一疏一密,一参一差,即阴阳昼夜消息之理也"。这里说出了分宾主的必要及表现方法。

郭绍纲的《素描基础知识》(1983年)论构图八忌:"平衡过度,平无层次,紧缩不舒,散无关系,上吊下空,下垂上空,拥挤迫塞,不够饱满"。这对地学素描构图是重要的借鉴。

一幅素描,构图至关紧要,须有驾驭全局的魄力,统筹安排的苦心,对善变风格的追求。当然,这一切应有助于主题的表现;否则,就陷于舍本逐末了。

为了把握构图,可先画小样,即正式素描图,先以简练线条作多个概括性的小构图,以供选择,此过程应伴随取景距离及取景角度的变化,以获取构图的变化。

用硬纸片裁制的取景框有助于构图的探讨,便于研究各部分在画面中的相对比例及相对位置等。

六、应用美学理论途径

任何一门学问皆有自身的特点,即为个性;也与某些学科相关联,是为共性。前者确定了该学科独立存在及实际应用的必要性,而后者却是前者能够存在的必要基础。地学素描的实践也不例外,也需有美学作基础。

美学是关于美的世界观的科学,它不同于艺术的专门理论科学。

美学渗透于地学领域,孕育着地质美学,它是地学领域中对各种地质体、地质现象、地质风光的本质解剖、形成规律的探索、实际意义的评价等。它是科技美学之一,是受限于"地质"的美学。

地学素描虽是理论、技法,应用的是科技学科,但其美的表现,又受控于审美标准、审美能力、审美观点、审美方法的如何。

中国画有论:"画有法,画无定法"。也就是说,画有法可论,但无固定之法。故而各种流派、各种风格竞相产生。这并非全取决于技法,而是美学观念的反映。粗犷豪放是一种风格,清俊淡雅是另一种风格,精心雕刻是一种风格,简练流畅又是另一种风格,只要恰到好处,皆为佼佼者。

汪澄为陈福善《古今名家素描探讨》的写序《1979》中,称素描"是灵魂的即兴,心象飞扬"。又称"素描,是视觉艺术中最基本的元素之一""在绘画艺术中,有许多美的观念,远超过一般自然的模拟"。这论证了视觉艺术带有主观因素。

从美学观点看,地学素描是表现客观真相的,但又带有美的抽象。故,画地学素描,尽可进行艺术加工,但现象不得歪曲。

第二节 技法研究途径

一、素描器材问题

素描工具及材料有很大不同。只就色料而论,有固体色料,如铅色、炭色等,也有液体色料,如水墨(汁)、水彩、水粉、油彩等。

不同工具采用不同色料,其技法有十分不同。这为地学素描的开拓辟出了广阔的途径。

在地学素描中,铅笔(铅色)是常用的,因易擦改,故多用于起稿。但其素描较少被直接应用于实际中,是因为一则易污染,二则印刷不易清晰。但习作还是从铅笔开始,且野外记录时,唯铅笔最佳。

炭铅笔或炭精条(棒)是炭色的素描,因色深且富于对比变化,制版印刷却有特殊的效果——清晰且色调渐变,最适宜于中—大型素描,但易污染,却又难擦。因此,可在熟练掌握铅笔素描后,进行炭笔素描练习(图11-1)。

各种单彩(黑、棕、赭、白等)或近似色,多用于地景写生,因笔、色携带不便,且绘制需时较多,还有其他种种原因,故应用很少。

用水墨(汁)素描最为上乘。笔触清楚,表现力极强,不易污染。有十分好的制版效果;是其他素描材料无法媲美的,因而应用广泛。其中,用钢笔素描,笔尖要求柔韧而有弹性,笔尖裂缝因用力不同可开可合,因而产生笔画粗细变化(图11-2)。若用毛笔,也需有弹性,如狼毫、兼毫等,并且毛笔便于运用多种技法,是大有作为的(图11-3)。

上述表明,炭色固然好,只是易污染,解决的方法是喷洒定着液。配方为:纯酒精:白松香粉=10:1溶解为止。用法为:将定着液灌入喷雾器或市售雾吹器中,画面平放,从侧面喷射,且离画面远些;其距离以能均匀喷洒为准,一次喷洒不宜太多,需略间隔连喷洒两三次;干后,用手摸之,不掉炭为止。

随科技发展,而今将炭色素描到复印机上复印或缩放,炭色则固定了。

二、素描笔触问题

笔触,是素描技法的重要方面,是发生各种风格及各种流派的重要因素,是表现各种地质结构的基础。工具不同,笔触特点也不同,主要表现在笔画本身、笔画组合、用笔方式、笔触方向等方面(图11-1、图11-2)。

笔触与空间关系密切。依照透视法则,巧妙运用笔触,可增强深远感。素描时,若顺着透视方向使用笔触,可使画面的空间深度大大增强。若天空的处理也用此法,可创造非常好的效果。

笔触与质感关系密切。物体肌理的表现靠按结构用笔,质地的表现还取决于糙滑、软硬的程度。

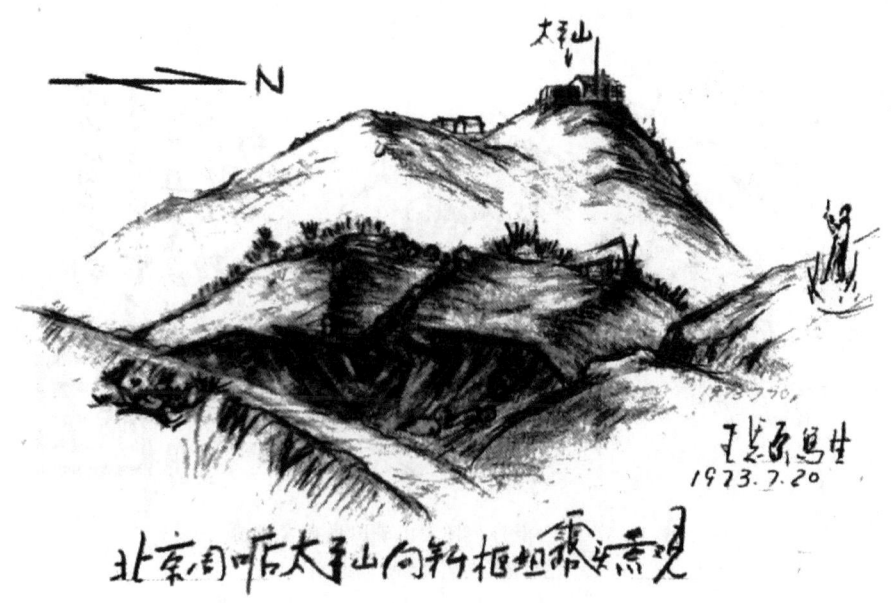

图 11-1　北京周口店太平山向斜枢纽露头景观素描
（王思源炭笔素描，1973.7.20）

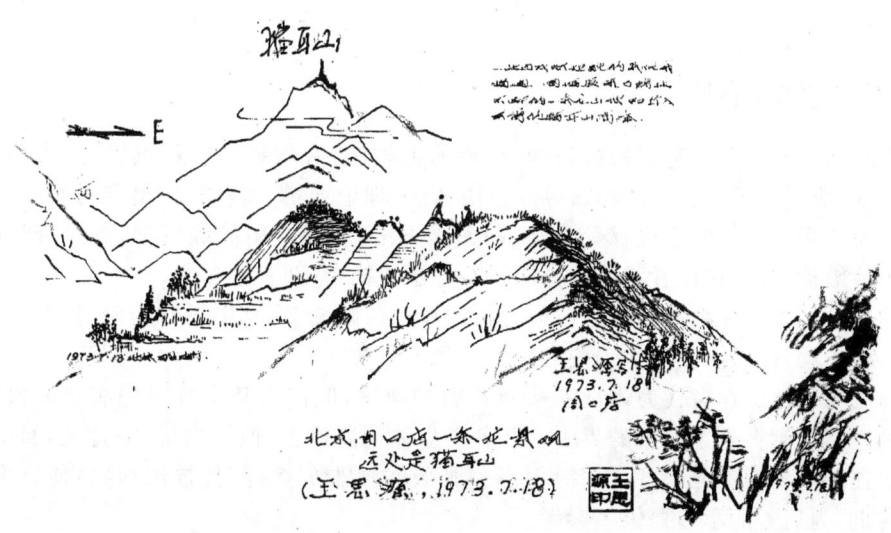

图 11-2　北京周口店一条龙山地景观素描图
（王思源钢笔素描，1973.7.18）

使用笔触的根本任务是塑造形体，笔触的结构、方向应符合物体造型特点，笔触与物体的体面转折完全吻合，就使笔角色不显得机械了。球体与方形物体的笔触应大不同，若用直线画球体，只是徒劳。

美国建筑师西奥多·考茨基著《宽线条铅笔画》，介绍采用以 2B 为主的绘画铅笔，剥出约 6mm 长的笔芯，然后在砂纸上磨出扁斜面，用斜面画宽线条。此种线条粗细均匀，也可一侧轻，一侧重，可表现光的照射。作者述："在作平涂练习时，全用平行线会显得单调，插入一些

图 11-3　广西南丹芒场大山矿田景观素描图
（王思源毛笔素描，2015.4）

斜线条,可表现光的照射"。这里强调了特别的技法及可变的笔触。

周君言的《钢笔风景画技法》提到:"单线的并列,便组成了排线"。组成画面的点子叫点触,点触是钢笔线条的一种特殊形式。点触集以成群,能单独地形成一个画面,强调了线点组合的表现作用。

三、传统技法问题

东方绘画体系含有工笔、写意、勾勒、没骨的造型法;有勾描、皴擦、点垛、渲染的笔法;还有干、湿、浓、淡、积、蘸、泼、破的墨法等。技法精湛,理论详备。其中,工笔与写意是对称的造型概念。前者指用工整的笔法、深入细致的刻画方法;后者指用简练概括、泼辣奔放的笔法、简写物象的形神,来表达作者意境的方法。在地学素描中,两者皆有之。

勾勒与没骨是对称的造型概念。前者指用线条勾画轮廓,其中顺锋为勾,逆锋为勒;后者指不用墨线勾勒,纯以深浅浓淡不同的色块造型的方法。

勾描法与皴擦法在古代为表现衣褶及山石的技法,但作为基本练习仍有重要价值,更何况它们的应用已远突破了原来的界限。在各类立体型素描中,使用勾描、皴擦法,目的是使物象具有更强的质量感。元末、明、清时手工刻画版印画非常盛行,且技法纯熟,使许多优秀作品得以传世,为后人的学习提供了参考。

点垛法与渲染法分别为以点构象及以色构象的技法。事实上,点的扩大更近于染,染是有一定的位移的点,只有用软锋笔,才能得到此类笔法。

水墨技法是各种墨法的集中运用,是不勾勒轮廓,而直接运用深浅不同墨色渲染的向称没骨法。前已述,它是地景素描的可取技法,但也是难度较大的技法。

对墨色若能运用自如,可发生气象万千的变化。清代唐岱《绘事发微》说:"墨色之中分为六采。何为六采？黑、白、干、湿、浓、淡是也。""黑白不分,是无阴阳明暗;干湿不备,是无苍翠秀润;浓浓不辨,是无凹凸远近也。"这精辟地论述了墨法在造型中的作用。

任何理论、法则、方法皆有一定适用范围。一般说,地学素描中的线描技法的墨色以浓墨为佳,而水墨技法的墨色则要求丰富多彩。

四、西法采取问题

西方画系强调块面、光线、透视的作用，讲求明暗、虚实、主宾的对比，以及色彩的调配等。为实写方法，其形象是由色面或色块构成的。

明暗法的色面与东方的水墨渲染不同，其是用硬锋笔线条组成的；更与白（线）描不同，前者无明显的线条感，尤其无明显的轮廓线。

孔端甫在《花鸟画法》（1980年）中将明暗素描与白描论为："素描是西画中掌握艺术造型的基础方法之一。在素描定生时，虽然也用线来表现物象形体结构、明暗、透视和质量感，但素描的着眼点是通过面来表现物体形象的。对于线，主要是作为组成块面的基本单位来应用的；不像我国，白描中的线那样作为独立的表现手段"。这里讲的素描是狭义的，专指明暗素描。

轮廓的刻画，至关紧要；它决定了形与形体结构。轮廓包括整体与局部两部分，也称外廓与内廓，不应反复描画外廓而不顾内廓，更不应只管细节及明暗而不顾内外轮廓，轮廓的修改应贯穿于素描的始终，一切刻画都应服从于这一准则，围绕着表现形体的准确性。

比例是决定形体结构的重要因素，从未有过比例失调而形体准确的。达·芬奇称比例为"艺术之母和女王"。这说明比例的重要。地质素描中，整体比例，以外轮廓控之，而局部比例由各部分对比确定。

在保证形体及比例准确的前提下，详画细部及色调，方能达到形色皆备。

五、综合技法问题

以集合概念论之，东方画系及西方画系可各归一集合，前者以线立骨，后者以明暗为宗旨。条集合中，技法可串，例如点、染间。西法与东法皆为平面造型，以此，其间也可通，例如染法与光暗间。立如下命题：

其一，一种技法取他种技法之长处，但仍保持本技法主体特征，可使本技法得以发展；其二，各类技法间的"嫁接""交配"乃是产生新技法的途径；其三，新技法的创立与旧工具的改进及新工具的产生是密切相关的。

东方画系中的勾、皴、点、染是互相关联的4个方面，只不过不同场合各有侧重而已。勾—皴—点—染可视为连续变量。于是，皴可兼勾与点，点可兼皴与染，甚至勾、皴、点、染可综合运用，如此处理，古已有之。

明暗表现为线染与影染之分，线染是运用浓、淡、曲、直、平行、交叉的线条组成明暗调子，表现物体凹凸、光暗、前后、体积等关系，一般用钢笔、竹笔、铅笔等；影染则是侧锋或控制笔触轻重，画出浓淡及明暗层次，也借助纸卷等擦出细腻的色调，一般用木炭、炭铅、炭棒、软铅笔等。这要取决于工具，但也可融合。例如炭笔同样也可线染。另外，各种工具尚可综合运用，如以毛笔为主兼用钢笔，或以钢笔为主兼用毛笔，或竹笔与毛笔相兼，竹笔与钢笔相兼等。

东方画系技法与西方画系技法并非不能逾越，即前者在保持原特点的基础上，加强焦点透视及光暗作用是十分必要的；而西方画系技法加强"气韵生动""虚实相生"等的表现，也会增加新的效果。

六、地质速写问题

速写是用单色或彩色，在较短时间内迅速而简练地概括形象的画法。广义地说，单色带写也属素描。

地质速写通常用铅笔、钢笔、竹笔或毛笔。在较短时间内完成被写对象的写生记录,需要一下笔就肯定,少有废笔,以达到就地获取肯定而准确形象的境界。

地质素描,尤其是工笔素描,往往需要较长的作图时间,虽然它有形象逼真、质感与立体感皆强的优点,然而在野外每个地质观察点上的工作时间往往很短,并没有过多时间从事工笔素描。这样,用速写的理论和方法就显得十分重要。事实上,在长期的地质实践中,我国已出现了不少地质速写佳品,需不断总结其成功经验。地质速写方法可归纳为以下几个方面。

(1)加强地质观察及地质分析:速写开始,先研究地质现象的本质,即速写是建立在对地质现象有明确认识的基础上的。只有对地质体的外部形态、内部结构、构造、物质以及它们间的相互关系弄清了,才能用准确的线条,迅速地表现出地质体的外部形态及内在本质。

(2)抓大体:地质体错综复杂,作图时,不可能也不必要把每个细节全部表现出来。而是抓主要现象、主要特征,舍掉大量可有可无的部分,以高度概括的手段、关键的线条,勾画主要特征。

(3)培养记忆力:因地质工作时间短,搞清现象时,记录作图时间就寥寥无几。另外,在集体路线踏勘中,对于区域上现象的素描,更没有较多时间供个人利用,就需要培养较强的记忆能力。就是说,需记住被写对象的主要特点,然后一鼓作气勾出;最后,再与被写对象对照,略加修改即可。

(4)一气呵成:经过详细观察,深入分析,周密构思,然后对总体形态连续用笔,忌断断续续,似是而非,每根线条果断明朗,皆代表一定地质意义。

(5)从整体到局部:地质速写仍然要确定视平线及心点。先以几根大线条控制轮廓,再进行局部对比描绘,主体重点刻画,客体一笔带过。

(6)修改成图:地质速写一定要符合实际,而不是凭空臆造。成图后,需要与实际对照,加以修改,去掉不符合实际的部分或不准确的线条;并可略施明暗,以增强立体效果;最后加上各类条款,取得一幅地质速写图。

第三节　实践环节

一、临摹学习

临摹即仿照之意,包括对临、背临、复摹。所谓对临,是对照他人作品边看边画。背临,是按记忆背摹他人作品。复摹则是用透明纸覆盖在他人作品上,描摹原作笔迹,也称摹画、拓画。

临摹是学习和借鉴古今素描经验、吸收优秀作品技法的途径。对于初学者,学习临摹尤其必要。对于有一定水平的,也需借此研究他人作品,并且临摹是作为搜集名家作品的手段。

临摹的一般原则如下。

(1)认真研究范本:包括构思立意、章法布局、笔墨技法等的特点。

(2)详解各种优秀作品的各种笔法。例如山脊表现法、山谷表现法等,在各种技法对比中,获取妙谛。

(3)力求再现原作的形神:一般形似易求,神似难得,需不厌其烦地反复,方能步步逼近。

(4)临摹也属实践:借此学习前人。临摹时,按原作用笔;尤其复摹,不能机械地描画,以至软弱无力。

(5)临摹毕,稍放远,与原作对比,改之。

笪重光《画筌》载:"善师者,师化工;不善师者,抚缣素。"这是说善学习的学表现的功夫,否则只能是表面的临摹。

达·芬奇论:"画家应当首先临摹名师的素描,训练自己的手。"这指出初学者临摹优秀作品的重要性。

前人留下的作品,有佳作,有败笔,有精华,有糟粕,有根本,有末节。学习时需扬长避短,举一反三,方能妙笔生辉。

二、写生实践

写生是面对实物描画,是基本训练的重要环节。地质写生包括室内与室外两部分。

达·芬奇论:"画家倘专以他人为模范,其结果必恶;惟仰求自然的教谕,其结果必善"。他主张向自然学习,加强写生实践,这是一个落脚点,否则,就无法创造。

地质写生一般原则如下。

(1)准确地观察地质现象,研究它的形成机理。这是素描的根基。

(2)站在远处画总体概貌,移至近处画具体细节,以求获得形神统一。

(3)画毕,执远些,对照实际,反复修改。对比内容,包括形态、比例、透视关系、地质现象等。

(4)有关测量数据不可少。

(5)在保证不更改现象的情况下,可在室内加工润色,力扫脏、乱、杂。

清代《华琳南宗抉秘》云:"初学用笔,规矩为先,不妨迟缓,万勿轻躁。"他指出初始学习用笔应以师法他人入门,其后"待至纯熟已极,空所依凭,自然意到笔随"即可达到得心应手的地步。

三、地质实践

地质素描既然是地质科技之作,素描者就必须有广泛而深入的地质科技知识,包括普通地质学、矿物学、岩石学、古生物学、地史学、构造地质学、矿床学等。舍此,实在无地质素描可言。

广泛的地质理论学习并不能代替实践,重要的是在实践中大量观察地质露头,做到由现象到本质地逐层分析,进而绘制地质素描。

美国本·克莱门茨的《摄影构图学》谈道:"为了有所创新,必须学会观察。"又"艺术上的墨守成规是创造力的障碍。"这指出加强观察及避免墨守成规的重要性。

在有一定实践经验之后,需"独出己意"即要独有匠心、独有风格,树立勇于探索的独创精神。

第十二章　地学素描评析

评价,即评定作品价值之意。地学素描作品,是必然要受到评论的——不管是正式的还是非正式的。

第一节　评价地学素描的意义

一、促进地学素描理论的发展

在人类社会中,地学素描既然是必需的,其理论就要给予充分的发展。这种发展也就必须建立在实践的基础上,对于从实践而来的地质素描作品给予多方面的评价,乃是总结经验、摒弃不足的重要环节,经过实践→认识→再实践的反复,以使每一步都能比上一次达到更高的程度。

二、为各种作品风格的发展开辟天地

"风格"是每一位成熟的地学素描者所具有的,评价地学素描,首先应尊重"他人作品风格",而不应以"独家作品风格"为准则。因为同一内容,其作品风格可完全不同,评价地学素描的理论意义就在于,通过评价,对各种成熟的理论、技法、风格给予充分肯定,以至推而广之,以期繁荣该领域,能作出更多的素描,同时创造出更多的优秀作品。

第二节　实际意义

一、为地学科技工作奠定实践基础

无视地学素描的学习,就难以进行地质实践工作。这并非耸人听闻,许多有名望的地学家都有较强的素描功底。如果说在理论上,评价是为了提高,那么在实践上,评价是为了应用。在众多的地学素描图中,用哪些,不用哪些,是需要经过品评的。个人应用自己的作品于论文、报告、书籍中,需要自我评价选用;交到社会上的作品同样受社会的品评与检查;引用或编辑他人的素描作品的过程也即评价的过程。从这点上说,选择存在于评价之中。

二、为地学素描的应用开辟"市场"

地学素描作为一种产品被广泛应用于地理、地貌、地质、矿产、矿山、水利、旅游等。这种广泛的需要,是渴望有大量优秀作品问世。评价地质素描为这些"市场"提供可用的素描"商品"。

第三节 地学素描评价标准

评价一幅地学素描,需从地质、艺术、实用价值三方面进行。

一、地质标准

1. 地质内容方面

评价一幅地质素描,首先应判断它表现的何种地质内容,例如是地貌、地层、构造、岩石、矿石、古生物等中的哪一种;其次,分析该幅素描表现的内容是否具有典型性,而不是没有价值信息可提的平淡作品;最后,对该典型内容能否进行地质机制的合理解释,如果含混不清或根本就未予体现,自然不能达到素描的目的,例如表现断层的错移方向,而未素描出错移标志,这幅素描图显然是不成功的。

2. 地质关系方面

地质关系主要包括物种、结构与构造、形态、时代 4 个方面:其一,所表现的物种应明白,诸如黄土、沙子、各类矿物、各类岩石、各类古生物等,若种属不明白,则素描是失败的;其二,图幅中各地质体间的关系交代清楚,例如岩体或矿体与围岩的关系、岩脉与矿脉间的穿插关系、断层的切错关系及沉积接触关系等,若关系表现得似是而非或模棱两可,素描自然是败笔;其三,所素描的地质形态必须正确,例如矿物形态、古生物形态、岩脉形态、矿体形态等,都是至关紧要的;其四,地层、岩体的形成时代不能少,它给读者了时间观念,是地质素描应有的内容。

3. 条款结构方面

条款结构包括条款内容及置放位置两个方面:其一,图名、图注、年代、方位、比例尺、图例不能少,不论是何种类型的地质素描都应有此 6 个方面,尽管在不同类型的素描中它们的表现形式可有所区别;其二,各条款的放置位置是评价的又一重要方面,虽然在放置上有一定灵活性,但不能违背"规范"及"构图"这两个基本准则,不顾整体效果,随便放置各种条款的作品是不符合地质科技的统一要求的。

二、艺术标准

1. 构图方面

包括诸形体之间的相对位置、个体轮廓、局部表现的 3 个方面,其一,评价诸形体间是否远、中、近分明,即是否有空间感,这必须检查其透视关系,诸形体间应符合一般透视原则;其二,个体,尤其是主体的轮廓是否有立体感,或是否有体积感也必须检查其透视关系是否正确;其三,局部与整体是否统一,或谓是否有协调感,是强调整体控制局部及局部反映整体的辩证关系,需通过检查各部分间的相对比例及局部与整体的结构关系给予评价。

2."气韵生动"方面

"气"指精神、气质、本体等,"韵"指韵致、风韵、韵味等。前者为内在因素,后者为外部表现。两者恰到好处,方能显得"生动"。衡量这方面的优劣,应着眼于整体效果,包括"意境"的设置、"风骨"的特征、"质感"的表现等。

3. 技巧方法方面

技法主要表现在笔法及墨法上,用线是否适当、是否自然、是否符合透视关系、是否符合地质体纹理、是否有质量感皆归于用笔。它是评价地质素描时必须考究的。用线不大胆流畅、软弱无力、不能反映形体的结构等,这些都不可取。

第四节　可用标准

一幅地学素描在地质和艺术上皆符合标准,就是否能保证应用。这取决于选用人。

1. 与论题相符

这是地学素描图能有广泛市场的重要方面,论文、报告、书籍之用图全服务于主题,这就要求地学素描图既要有针对性,又要有一般性,即通过具体内容说明一般问题。

2. 不可辩驳的说服力

这取决于素描图的准确、清楚、不含糊。

3. 美观大方

它是有关各种理论,技法的综合表现。地学素描图作为一个实体,就首先应保证这一点。

本章仅阐述了评价地学素描图作品的一般意义及一般准则。事实上具体问题还很多,只能在评价中具体问题具体对待,给予客观地、一分为二的辩证分析,方不失之偏颇。

第十三章　地学素描图解

第一节　地学素描图解涵义

一、素描图解

图解，也称解构，就是解析事物的组成与构成，以及时空信息之相互关系。前者指成分，中者指构造，后者指时代及空间。素描解构是指以素描的手段进行解构，即"素描图解"。

图解意为利用图形分析或演算某些难解的事物或现象。利用地学素描作工具解析地质体或地学现象，便称地学素描图解。

二、地学素描解构途径

地质体及地学现象千差万别，其作用机理也奥妙无穷。对此，便需要解构，一般有两个途径。

（1）先观察地质体之地质关系，配以必要的测量；然后分析其作用机理；最后画出解析素描图。观测时，需要注意客体的指示作用，例如沙漠地区有茂盛的灌木分布，指示地下水的存在。

（2）先对地质体或地学现象拍照，再对照片作摄影素描，然后对素描图作出解析。拍摄时，需要用铅笔、铁锤等作出明确的方位指向，例如用锤把指向"北"。

第二节　地学素描图选粹

一、采图原则

由于地学素描图种类多样，技法多变，内容丰富，不同作者之所作有不同风格。本节选取30余幅有代表性的作品，目的是让读者博采，采众家之所长，方有望创独家之风格。

不过，从技法类型上说，地学素描基本上仅有纯线描、点线描、明暗描三类。素描工具有硬锋笔、韧锋笔、软锋笔三类。形式有面型素描、体型素描、立体展开型素描、综合型素描四类。按所得途径分为野外实地素描（地学写生）、室内标本素描、各类照片素描三类。如此，方可从纷繁的地学素描缕出个"子丑寅卯"来。

二、地学素描选粹(例图展示)

下列例图供阅者参考。这些都是地学素描选粹,涉及国内外的素描高手,无论内容,还是风格,各有内涵、各有所长、各有特色,供读者阅读、赏析、学习、借鉴(图13-4~图13-31)。

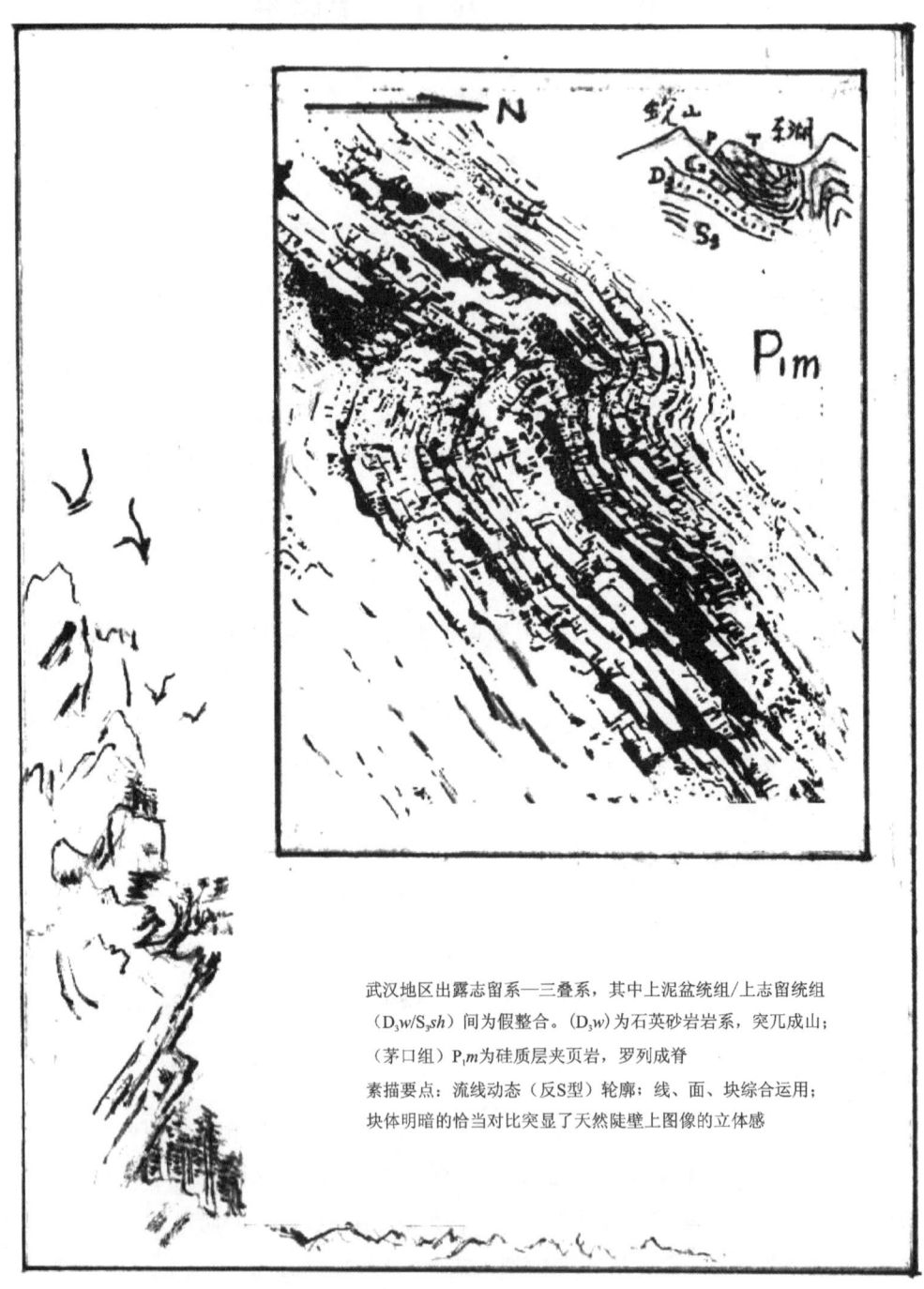

武汉地区出露志留系—三叠系,其中上泥盆统组/上志留统组(D_3w/S_3sh)间为假整合。(D_3w)为石英砂岩岩系,突兀成山;(茅口组)P_1m为硅质层夹页岩,罗列成脊

素描要点:流线动态(反S型)轮廓;线、面、块综合运用;块体明暗的恰当对比突显了天然陡壁上图像的立体感

图13-4 武昌蛇山北胭脂路西壁地层构造剖面
(王思源据照片素描,1978)

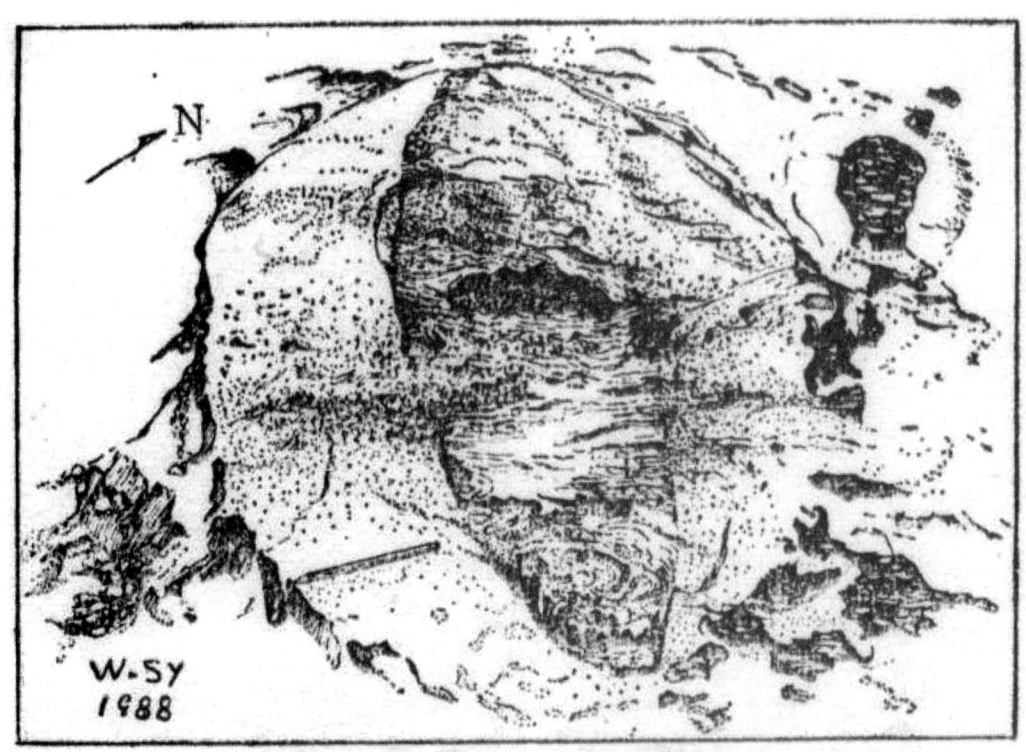

周口店房山岩体,近圆形,直径为7.5~9.0km,面积约54km²。主体花岗闪长岩K-Ar年龄为143~100Ma,为晚侏罗世—早白垩世的侵入体。可见花岗闪长岩体,侵入前期石英闪长岩。花岗闪长岩体的边缘相及过渡相中分布有较多暗色石英闪长岩捕房体,被称为暗色包体,一般长10~50cm,大则几米。在较大包体周围有暗色矿物和小包体呈环形分布;有的小包体呈叠瓦状,排列在较大包体一侧(如铅笔指出)。可以设想,较大包体曾与环流岩浆一道按顺时针方向旋转。该素描之包体产于房山岩体西南部的迎风坡村。素描要点:偏心环状轮廓,含有滚动势;点、簇技法,表现岩石的差异粗糙度;疏密构象布局,反映不同部位具有不同灰度或亮度。

图 13-5　周口店岩体岩浆对流作用形成的定向构造平面素描

(王思源据照片素描,1988)

图 13-6　内蒙古卓资县花山云母磷灰石矿山远观

(叶俊林,1984)

Ar_1Sn^3.大理石岩;Ar_1Sn^2.浅粒岩夹硅线榴石片麻岩;矿体有含云母透辉岩、磷灰石

素描要点:仰视层叠轮廓;断线错落技法;峰顶密集、坡脚单一布局

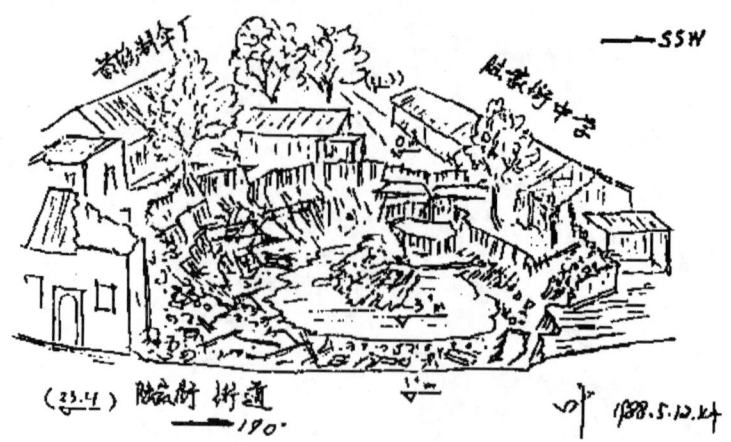

图 13-7 武昌武泰闸西南陆家街南段地陷素描（坑 30～25m/－20m±）

（据叶俊林，1988）

素描要点：俯视三角棱柱轮廓；短线随势描绘；中心开花布局

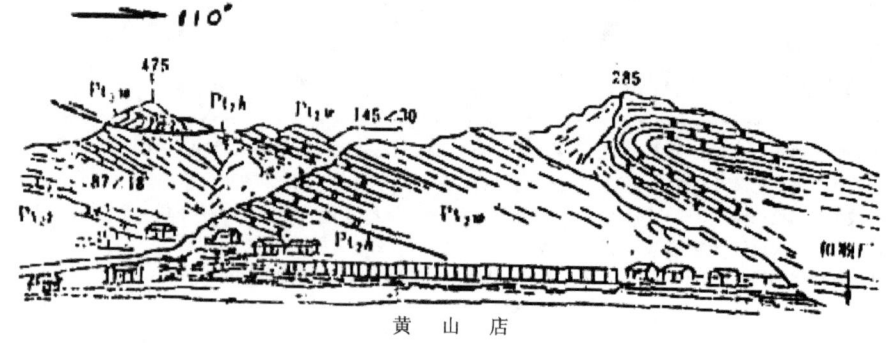

图 13-8 北京市房山区黄山店东山倒转褶皱及逆掩断层多层剖面素描

（据叶俊林，1988）

素描要点：层叠剖面轮廓；直线与曲线对比构图，线不虚发；峰顶详画、坡脚空白的布局，以此显示远近层次

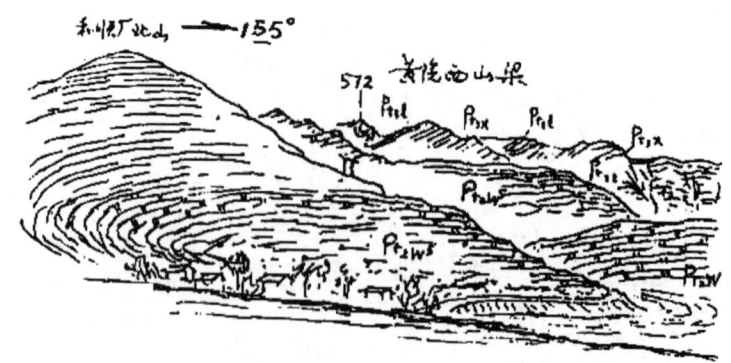

图 13-9 黄山店和顺厂斜褶皱及黄院西山构造多层剖面素描

（据叶俊林，1988）

素描要点：多层剖面叠置轮廓；断续曲线构图，线不虚用，交代清楚；
近处详画，远处简画，坡脚留白，以显示远近层次感

图 13-10　从英德西牛硫铁矿矿区看天子岭灰岩(D_3t)

(据覃功炯,1982)

素描要点:船形轮廓;近实远虚的用线技法;近凹远凸的布局

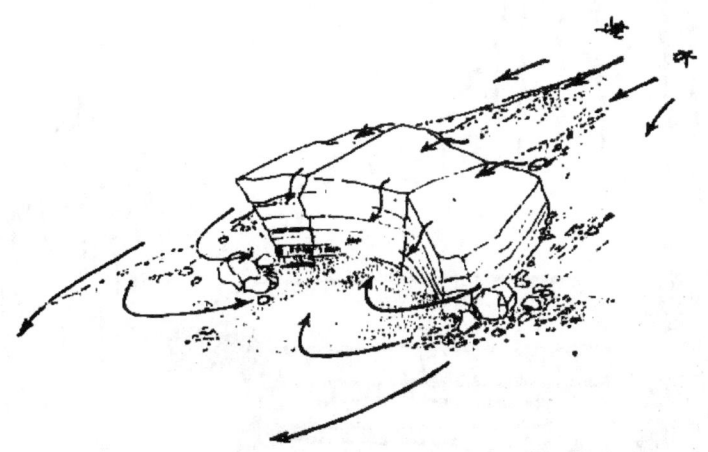

图 13-11　流水受阻而发生涡流冲积的动力作用解析素描

(据覃功炯,1981)

素描要点:透视流线体轮廓;点线互用;指向线兼流水动态感

图 13-12　由贵州万山汞矿杨桥北望宝塔山一带地层出露景观

(据刘金山,1982.3)

素描要点:参差墙垛轮廓;断续平行横线应用;近山与远山交接处空白的留出

图 13-13　湖南张家界青岩山桌形石及平顶山景观
(据刘金山,1982)
素描要点:对称轮廓;横线与竖线错落;松枝作为配体在对称构图上的巧妙运用

第十三章 地学素描图解

图 13-14 冲沟景观素描
上图：黄土高原黄土峁（王思源素描，1974.5）；下图：胶东丘陵荣成
滕家西山（王思源素描，1975.3）

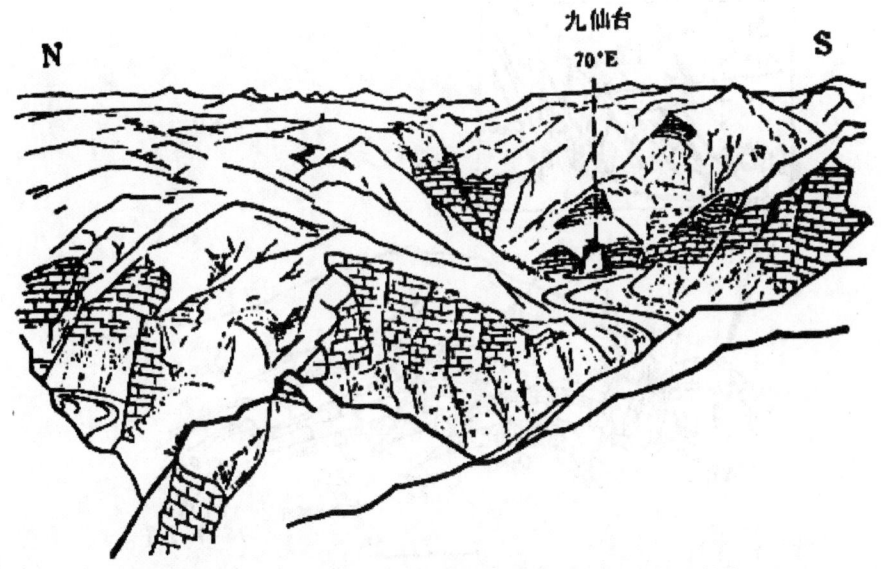

图 13-16 山西高原上的沁河峡谷（自神子头后山东望九仙台）
（据陈述彭，1958）

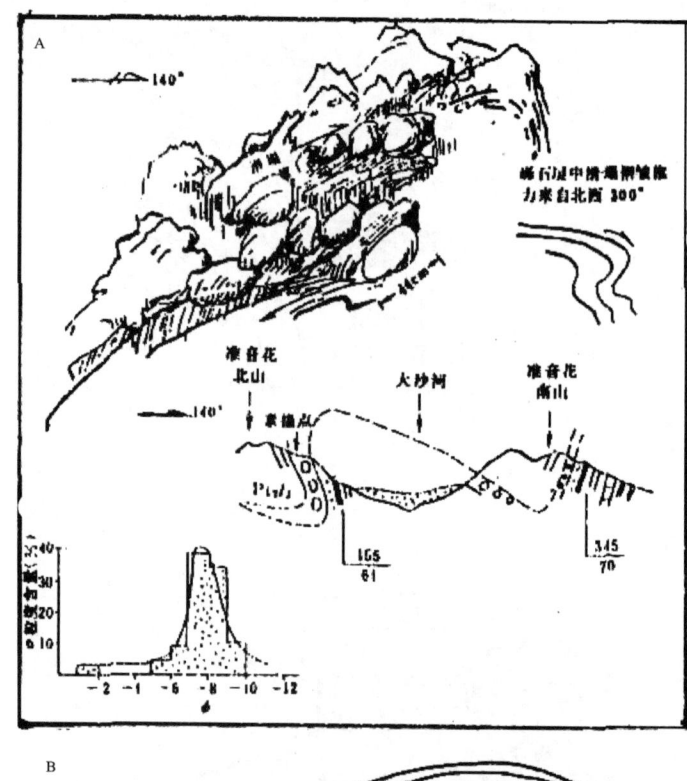
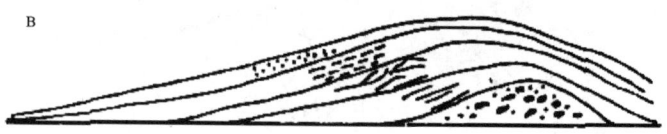

图 13-17 狼山北欧布乞大型鲍马序列大粒岩层景观解析素描
A. 欧布乞大型鲍马序列底部大砾岩层景观；B. 霍各乞地区欧布乞狼山群山岩层底部大型鲍马序列模型

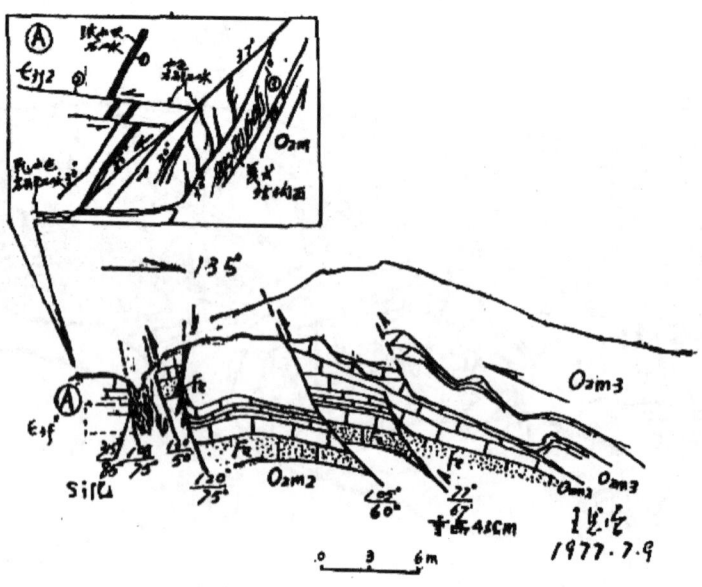

图 13-18 山东淄河断裂带老峪构造点剖面解析素描

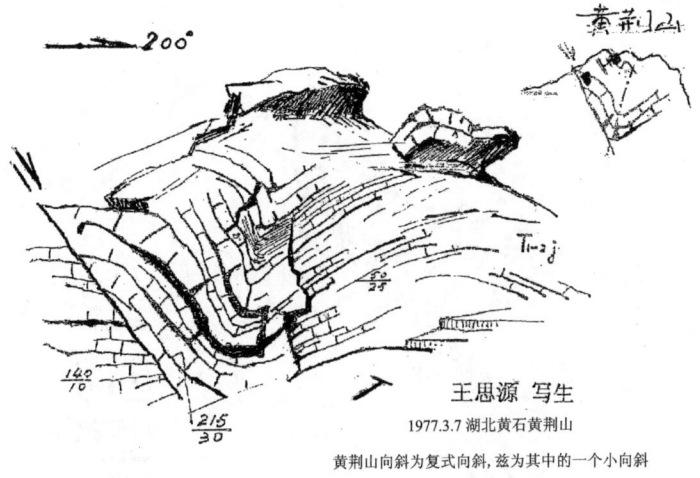

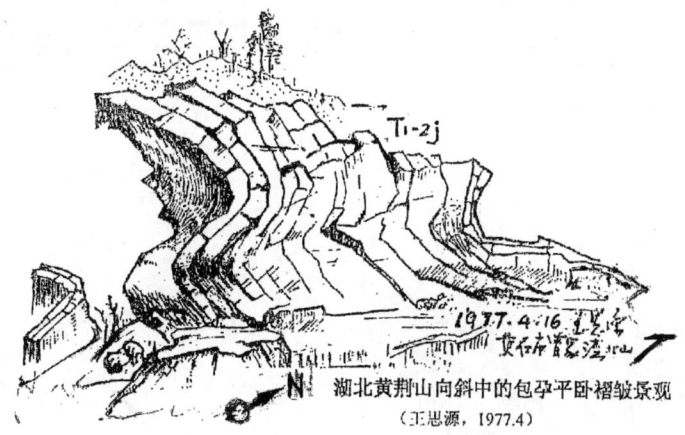

图 13-19　湖北黄荆山向斜（中下三叠统嘉陵江组灰岩）中的次级褶皱

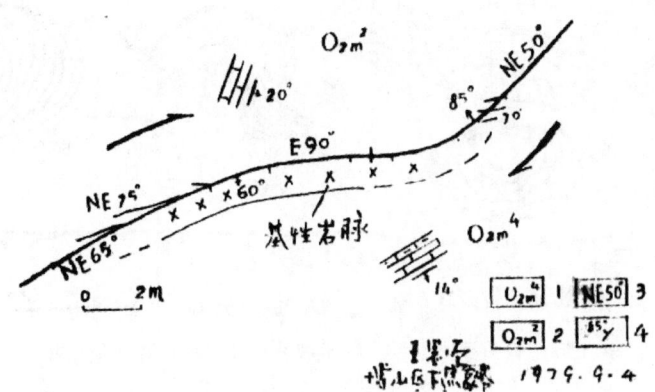

图 13-20　山东淄河断裂带石马断层焦家峪南构造点反"S"形构造平面素描

（王思源，1979.9）

1.中奥陶统马家沟组第四段白云质豹皮状灰岩；2.马家沟第二段灰岩；3.断层及节理走向；4.产状符号

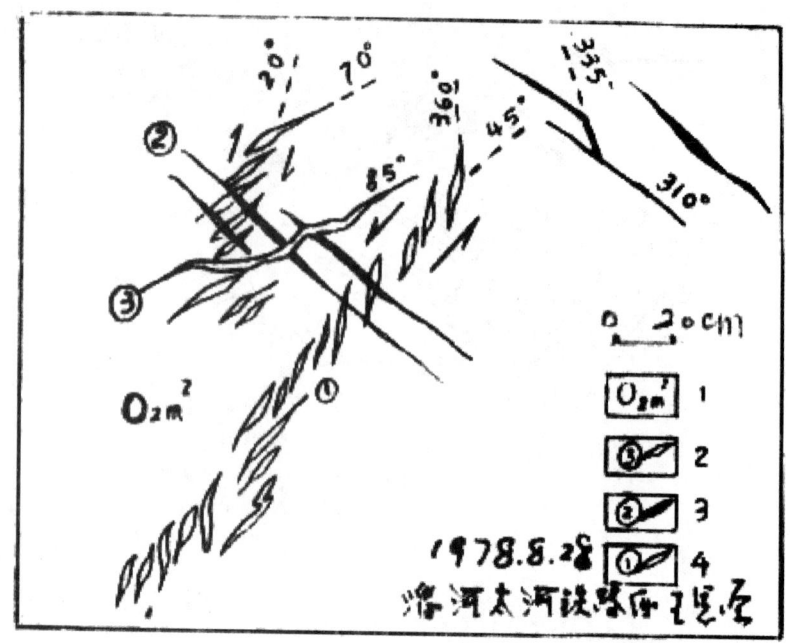

图 13-21 山东淄河断裂带太河东下册方解石细脉穿插关系平面素描
(王思源,1979.9)
1.中奥陶统马家沟组第二段灰岩;2.乳白色方解石脉;3.含铁方解石脉;4.白色方解石脉

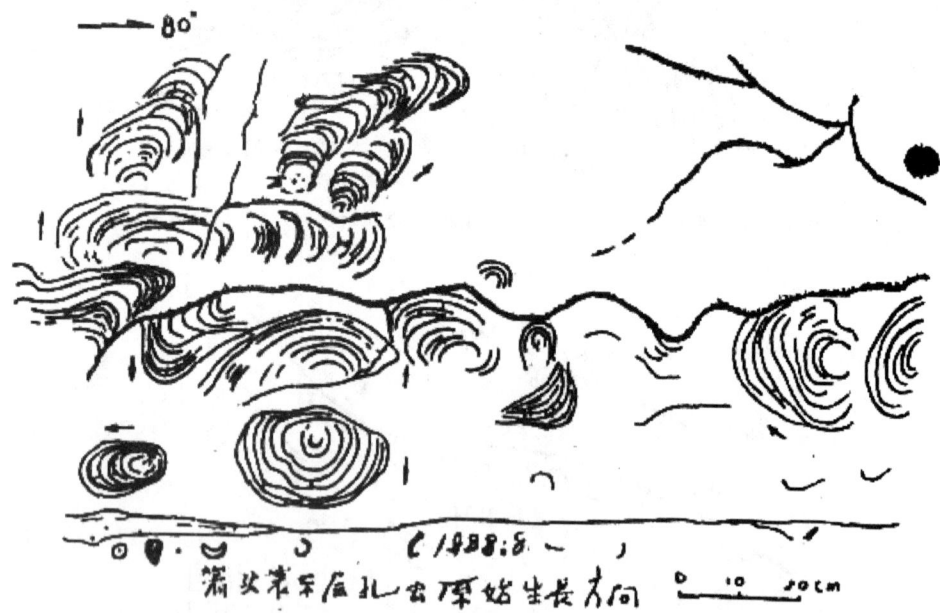

图 13-22 贵州独山上泥盆统望城坡组层孔虫保存实地素描
(王治平,1988.8)

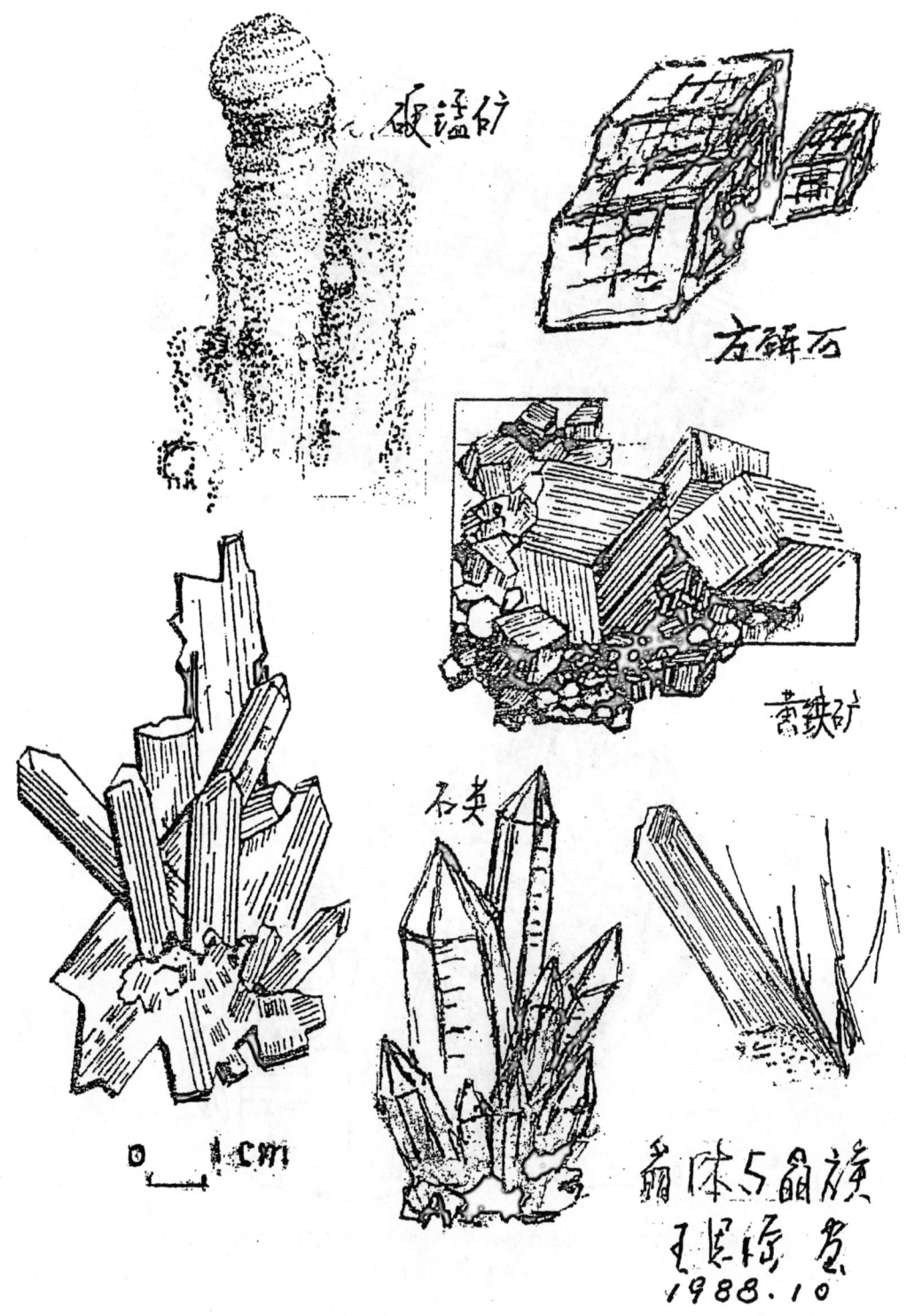

图 13-23　晶体与晶族素描
（王思源素描，1988.10）

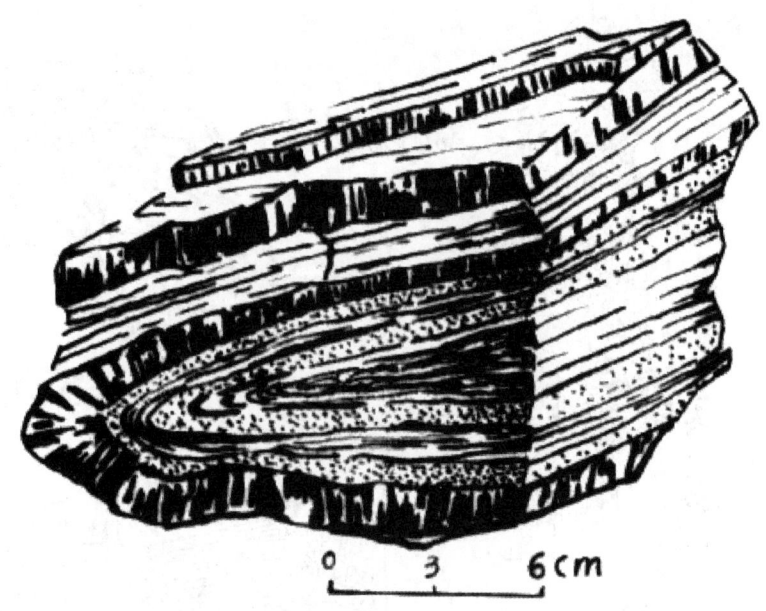

图 13-24　河北省滦县磁铁石英岩褶皱标本素描
（刘金山素描）

素描要点：C形轮廓；用明暗素描法作立体造型；块面明确，肌理细腻

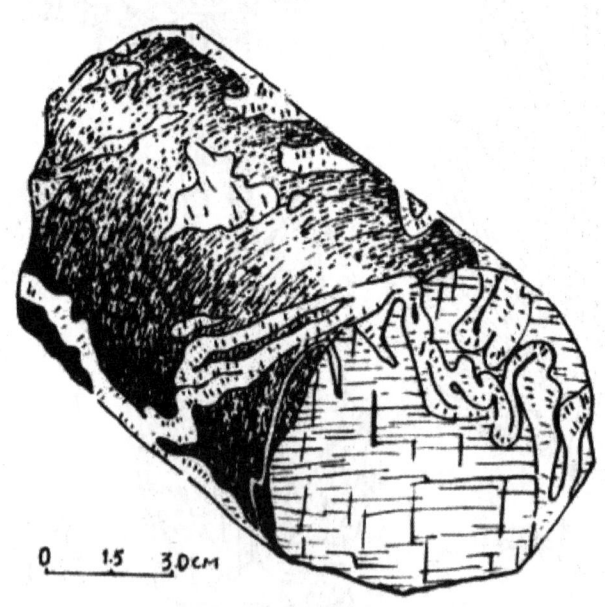

图 13-25　河北省司家营黑云混合岩的肠伏构造岩芯素描（刘金山）
肠伏山石英脉构成

图 13-26　鄂西北银洞沟 ZK154・17・5/12 回次矿芯素描
（据杨志甫,1977）

图 13-27　银洞沟 2 号钻孔块状矿石素描图
（据杨志甫,1975）

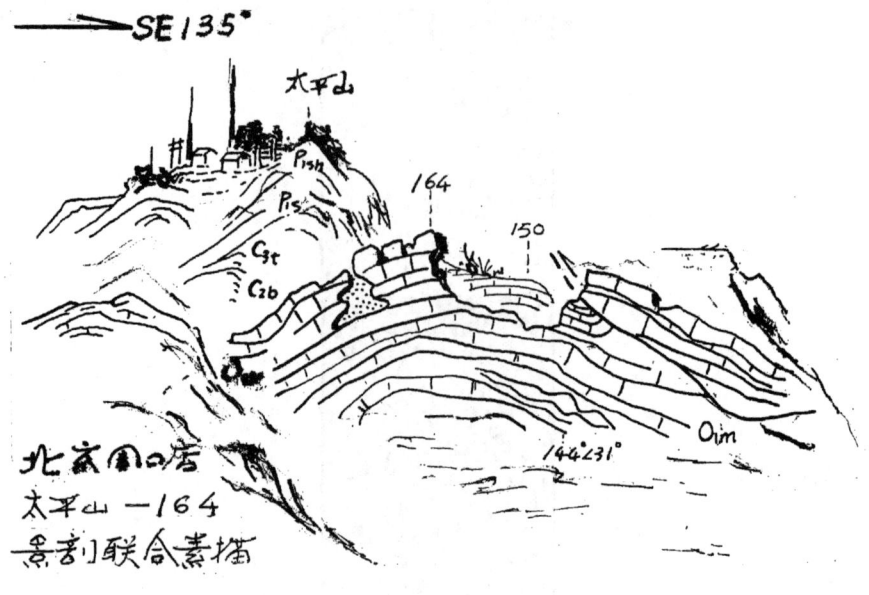

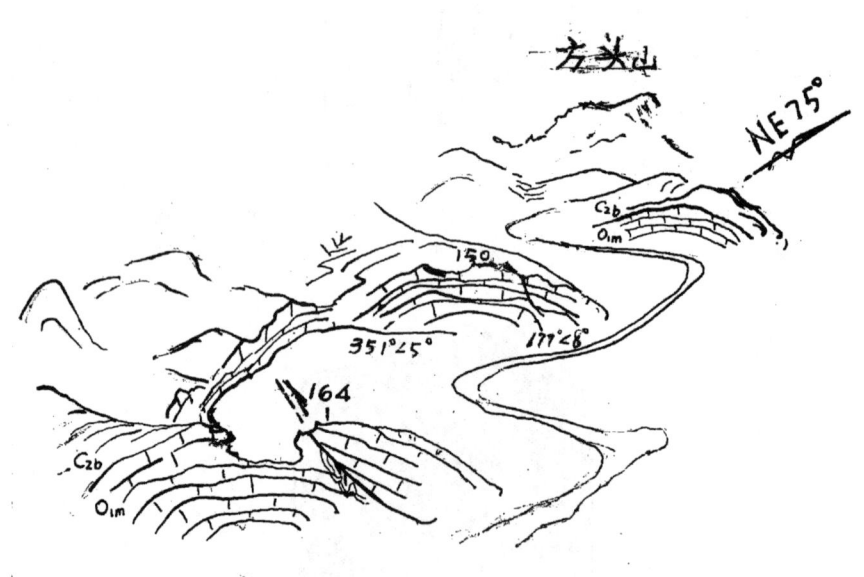

图 13-28 联合型素描例图
(王思源素描,1985.8)

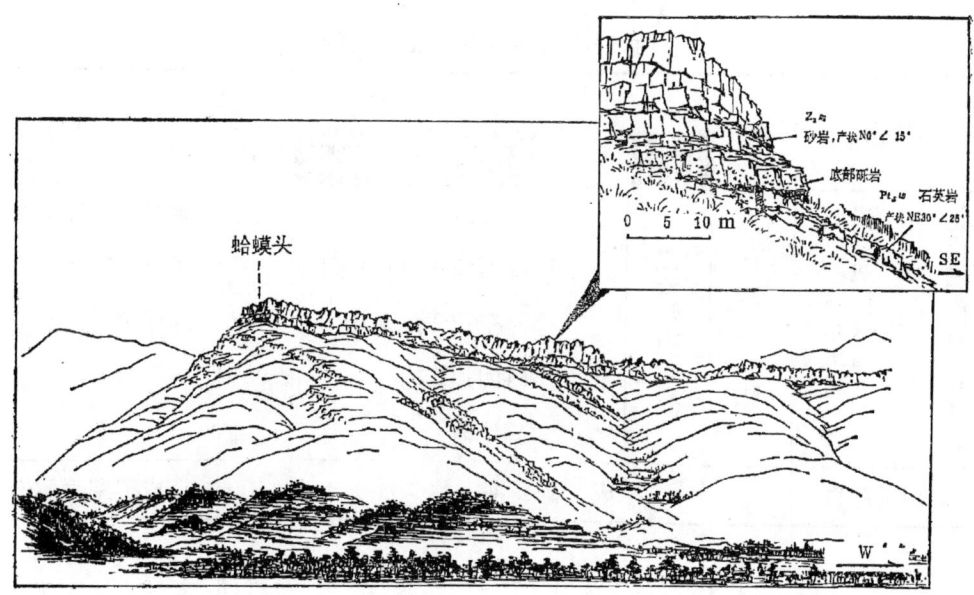

图 13-29　河南登封元古宇嵩山群五指岭组（Pt_3w）与震旦系马鞍山组（Z_2m）之角度不整合接触

（据范崇彦，1979）

图 13-30　喜马拉雅雪山建筑

（AugustoGansse 素描）

脉岩与金矿化形成相对时间表

成矿期前	热溶成矿期						成矿期后
	Ⅰ	Ⅱ		Ⅲ		Ⅳ	
花岗细晶岩 伟晶岩	黑云母闪长煌斑岩 橄榄拉辉煌斑岩	石英脉	黑云母闪长岩	闪长玢岩 辉石闪长(玢)岩 橄榄拉辉煌斑岩 斜闪煌斑岩 辉绿岩			橄榄拉辉煌斑岩 斜闪煌斑岩 辉绿玢岩
成矿期前脉岩	成矿期脉岩						成矿期后脉岩

岩脉、矿脉穿插、包裹关系素描图（230m中段Fc35附近顶板）
1. 蚀变花岗岩；2. 成矿期前闪长岩脉；3. 第Ⅰ矿化阶段石英脉；4. Ⅰ、Ⅲ阶段叠加矿化

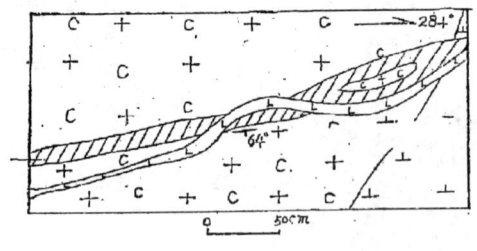

岩脉切割矿脉素描图
（108矿脉 340中段）

1. 黑云母闪长岩
2. 成矿期后煌斑岩
3. 含金石英脉
4. 蚀变花岗岩

图 13-31 山东玲珑金矿岩脉与矿化关系
(引自刘辅臣、卢作祥、范永香，1983)

主要参考文献

奥夫相尼科夫,1982.美学[M].刘宁,译.上海:上海译文出版社.
北京大学地理系地貌专业遥感研究组,1978.地球资源卫星象片的地质解译[M].北京:地质出版社.
北京大学地质地理系,1975.地质学基础[M].北京:北京大学出版社.
陈福善,1982.古今名家素描探讨[M].广州:岭南美术出版社.
陈述彭,1958.地景素描法[M].北京:地质出版社.
辞海编辑委员会,1981.辞海·艺术分册[M].上海:上海辞书出版社.
方增先,1973.怎样画水墨人物画[M].上海:上海人民出版社.
高宗英,1985.谈绘画构图[M].济南:山东美术出版社.
谷量,1979.怎样画水粉画[M].上海:上海美术出版社.
郭绍纲,1983.素描基础知识[M].广州:岭南美术出版社.
胡钟才,李文方,1984.简明摄影辞典[M].哈尔滨:黑龙江人民出版社.
蓝淇锋,宋姚生,丁民雄,等,1979.野外地质素描[M].北京:地质出版社.
蓝淇锋,1977.怎样画地质素描[M].北京:地质出版社.
李瑞年,1980.怎样画风景[M].北京:人民美术出版社.
李尚宽,1982.素描地质学[M].北京:地质出版社.
李直,1981.人物画线描技法[M].南京:江苏人民出版社.
刘国钧,1979.中国古代书籍史话[M].上海:上海科学技术出版社.
楼世博,孙章,陈化成,1983.模糊数学[M].北京:科学出版社.
陆心贤,罗祖德,史家梁,等,1979.地学史话[M].上海:上海科学技术出版社.
陆仰豪,1986.绘画透视知识[M].上海:上海美术出版社.
吕凤子,1963.中国画法研究[M].北京:人民美术出版社.
马骀,1982.马骀画宝[M].北京:荣宝斋出版社.
南京大学地质系矿物岩石教研室,1980.火成岩岩石学[M].北京:地质出版社.
秦岭,1985.怎样画素描[M].济南:山东美术出版社.
沈括,1978.梦溪笔谈[M].上海:上海古籍出版社.
苏天辅,1983.形式逻辑[M].北京:中央广播电视大学出版社.
孙常非,1981.绘画应用透视学[M].沈阳:辽宁美术出版社.
谭应佳,叶俊林,1987.北京周口店地质及地质教学实习参考书[M].武汉:武汉地质学院出版社.
王思源,1985.地质素描漫谈(之二)[J].花岗,3(3):37-44.

王思源,1986.地质素描漫谈(之三)[J].花岗,3(4):69-86.
王思源,1983.地质素描漫谈(之一)[J].花岗,10(1):43-49.
魏永利,贺建国,1989.透视、色彩、构图、解剖[M].北京:高等教育出版社.
文金扬,1982.绘画透视基础[M].济南:山东人民出版社.
夏树芳,1988.地质旅行[M].北京:科学出版社.
谢投八,1985.素描的理论与实践[M].福州:福建人民出版社.
徐光春,1980.业余摄影实用手册[M].合肥:合肥科学技术出版社.
叶浅予,1954.怎样画速写[M].北京:人民美术出版社.
译文集,1986.外国学者论中国画[M].长沙:湖南美术出版社.
张隆基,1973.怎样画油画[M].上海:上海人民出版社.
张彭熹,1958.野外地质素描法[M].北京:地质出版社.
张韬磊,1981.风光摄影技巧[M].北京:工商出版社.
周君言,1986.钢笔风景画技法[M].桂林:漓江出版社.
朱亮璞,1981.遥感图象地质解译教程[M].北京:地质出版社.
《自然科学大事年表》编写组,1975.自然科学大事年表[M].上海:上海人民出版社.